大八木和久
Kazuhisa Oyagi

帰ってきた！
日本全国
化石採集の旅

化石が僕をはなさない

築地書館

前書き

　化石採集のノウハウや整理方法をまとめたシリーズの最終巻『日本全国化石採集の旅・完結編』の発刊から早20年が経ちました。その後も採集活動は絶え間なく続き、『産地別　日本の化石800選──本でみる化石博物館』『産地別　日本の化石650選──本でみる化石博物館・新館』『産地別　日本の化石750選──本でみる化石博物館・別館』（以下、『800選』『650選』『750選』）と、その成果の発表を続けてきました。
　そして今回、『日本全国化石採集の旅』シリーズは完結編でピリオドは打ったものの、やはりこの素晴らしい成果を言葉でお伝えしなければと思って筆をとった次第です。
　標本の写真だけではなく、言葉でそのときの様子を伝えよう、そうすれば臨場感も出てきっと化石採集のあのわくわく感が伝わると思ったのです。さらに、『750選』発刊以後の化石もぜひお知らせしたく、急いで書き上げました。

　中学生のときに化石を始め、2016年で満50年を迎えました。そんな僕ももう67歳になってしまいました。歳をとったのは事実ですが、活動は衰えを見せず、今なお活発に続けています。今でも年間50日程度は採集に出かけています。一頃よりは採集日数は若干少なくなりましたが、それは行くところが少なくなったからでしょう。
　最も活発に活動したのは2000年から2013年頃だったようです。何しろ、多いときには年間100日も採集に出かけていたくらいですから。

　近年、以前は産出したところが採れなくなっています。また、採集禁止になるところが増え、我々化石の愛好家にとっては一番の悩みです。そのため化石から遠ざかる人も多く、僕の友人も活動が減り、交遊も少なくなっています。じつに寂しいことです。だからといって化石をやめる僕ではありません。「化石は採れるときに採っておけ」です。楽しい限り採集に出かけています。
　知り合いの方がこういう質問をしてきました。

「大八木さんはなぜいい化石が採れるんですか」と。少し返答に詰まりましたが、やはり「同じ所に何度も通え」「徹底的に探し回れ」「採れるときに採っておけ」だと答えました。ようは、採集に行かなければなにも始まらないのです。宝くじと同じです。買わなければ当たりませんよね。たとえ眼力のない人でも、何回も通えば必ずいいものは見つかるはずです。下手な鉄砲、数撃ちゃ当たるです。絶対に採れます。ですから野外に出ましょう。化石採集に行きましょう。いい化石を見つけ、少し大げさかもしれませんが、生きてて良かったと、そう思いましょう。

　僕の化石人生は死ぬまで続きます。見守ってください。

　最後に、今回もたくさんの仲間から助言や写真の提供などを受けました。滋賀県東近江市の足立敬一さん、京都府綾部市の大槻道和さん、大阪府大阪市の守山容正さん、大阪府寝屋川市の葛木啓之さん、三重県菰野町の伊藤重春さん、大阪府柏原市の川辺一久さん、北海道富良野市の森紳一さん、北海道旭川市の大西裕さんにお礼を申し上げます。

　また、今回も無理なお願いを聞いてくださった築地書館の土井二郎社長、面倒な編集作業でご苦労をおかけした黒田智美さんにも心からお礼申し上げます。

2018年1月末日
化石採集家　大八木和久

目次

前書き…………2
本書の化石産地一覧…………7

第1章　東奔西走

1 〈北海道〉上猿払のキダリス…………12
2 〈岡山県〉大佐の巨大ビカリア…………14
3 〈福井県〉貝皿のアンモナイト…………16
4 〈秋田県〉男鹿半島・安田海岸の化石…………18
5 〈福井県〉上伊勢のサンゴ化石…………21
6 〈和歌山県〉藤島海岸のツリテラ…………23
7 〈宮城県〉寒風沢のマツモリツキヒ…………25
8 〈新潟県〉魚岩の魚化石…………27
9 〈宮城県〉鶴巣の鳴門骨…………29
10 〈岐阜県〉一重ヶ根のサンゴ化石…………31
11 〈大分県〉奥双石の魚化石…………33
12 〈福島県〉小良ヶ浜の化石…………36
13 〈高知県〉唐浜フィーバー…………38
14 〈滋賀県〉新名神高速道の工事現場にて…………41
15 〈宮崎県〉通浜の化石…………44
16 〈兵庫県〉淡路島の化石①　ヤーディア…………46
17 〈北海道〉青山の謎の哺乳類化石…………48
18 〈福井県〉難波江のアンモナイト…………53
19 〈北海道〉上の沢の大型アンモナイト①…………56
20 〈岐阜県〉福地の直角石…………61
21 〈熊本県〉柳島のアンモナイト…………64
22 〈北海道〉上の沢の大型アンモナイト②…………69
23 〈福井県〉高浜のアッツリアフィーバー…………71
24 〈北海道〉奥尻島のビカリア…………74
25 〈北海道〉上の沢の大型アンモナイト③…………77

第2章　仲間を増やして

26 〈北海道〉上羽幌を歩いて一周する…………80
27 〈北海道〉逆川を自転車で一周する…………83
28 〈兵庫県〉淡路島の化石②　モササウルス…………85
29 〈富山県・福井県〉北陸地方のビカリア…………87
30 〈石川県〉関野鼻のムカシチサラガイ…………91
31 〈富山県〉高岡のホオジロザメ…………93
32 〈石川県〉七尾のノトキンチャク…………96
33 〈兵庫県〉淡路島の化石③　プラビトセラス…………98
34 〈岐阜県〉根尾の化石①　初めての根尾…………100
35 〈新潟県〉青海の巨大直角石と巨大ムールロニア…………103
36 〈三重県〉恵利原のキダリス…………107
37 〈北海道〉白亜紀のオウムガイ…………109
38 〈北海道〉化石沢を目指す…………112
39 〈長崎県〉沖ノ島のアッツリア…………116
40 〈北海道〉メタプラセンチセラスの完全体…………118
41 〈岡山県〉皿川のビカリア…………121
42 〈石川県〉大桑の化石…………124

第3章　化石を探究する

43 〈三重県〉柳谷のメガロドンとキャッチャーミット…………128
44 〈岐阜県〉根尾の化石②　オウムガイ層の発見…………131
45 〈北海道〉古丹別川のインターメディウム…………135
46 〈北海道〉決死の羽幌川巡検…………137
47 〈岐阜県〉根尾の化石③　サンゴ層の発見…………139
48 〈千葉県〉瀬又のカメホウズキチョウチン①…………141
49 〈岐阜県〉根尾の Neo 菊花石…………145
50 〈北海道〉オンコ沢のユーパキディスカス…………147
51 〈北海道〉初めてのニッポニテス…………150
52 〈北海道〉タカハシホタテの採集会…………152
53 〈滋賀県〉サンゴ山の三葉虫…………155
54 〈北海道〉アイヌ沢のメナビテス…………158
55 〈千葉県〉瀬又のカメホウズキチョウチン②…………161
56 〈宮城県〉気仙沼のミケリニア…………163
57 〈北海道〉三毛別川のリヌパルス…………165

後書き　化石人生を振り返って…………169
付録　北海道内国有林への入山について…………173

本書の化石産地一覧

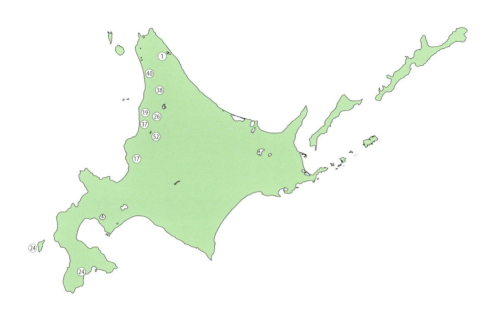

①北海道猿払村上猿払
中生代白亜紀…キダリス
⑰北海道当別町
新生代第三紀中新世…哺乳類他
⑲㉒㉕㊺㊿北海道苫前町（上の沢、古丹別川、オンコ沢）
中生代白亜紀…アンモナイト
㉔北海道奥尻町
新生代第三紀中新世・第四紀更新世…ビカリア
㉔北海道北斗市（細小股沢川）
第四紀更新世…エゾキンチャク

㉖㉗㊻㊺㊼北海道羽幌町（逆川、羽幌川、アイヌ沢、三毛別川）
中生代白亜紀…アンモナイト、リヌパルス
㊲㊿北海道小平町
中生代白亜紀…オウムガイ、ニッポニテス
㊳北海道中川町大和（化石沢）
中生代白亜紀…アンモナイト他
㊵北海道遠別町
中生代白亜紀…メタプラセンチセラス
㊾北海道沼田町（幌新太刀別川）
新生代第三紀鮮新世…タカハシホタテ

②岡山県新見市大佐田治部
新生代第三紀中新世…ビカリア
③福井県大野市貝皿
中生代ジュラ紀…アンモナイト
④秋田県男鹿市安田（安田海岸）
新生代第四紀更新世…二枚貝類、巻貝類、腕足類
⑤福井県大野市上伊勢
古生代デボン紀…サンゴ類
⑥和歌山県白浜町（藤島海岸）
新生代第三紀中新世…ツリテラ
⑦宮城県加美町寒風沢
新生代第三紀中新世…マツモリツキヒ
⑧新潟県阿賀野市魚岩
新生代第三紀中新世…魚類
⑨宮城県大和町鶴巣
新生代第三紀中新世…魚類、サメ類他
⑩岐阜県高山市一重ヶ根
古生代シルル紀…サンゴ
⑪大分県九重町奥双石
新生代第四紀更新世…魚類、昆虫
⑫福島県富岡町（小良ヶ浜）
新生代第三紀鮮新世…貝類、獣骨
⑬高知県安田町（唐浜）
新生代第三紀鮮新世…キヌガサガイ・ホオジロザメ他

⑭滋賀県甲賀市土山町
新生代第三紀中新世…ビカリア、ツリテラ
⑮宮崎県川南町（通浜）
新生代第三紀鮮新世…モミジツキヒ
⑯兵庫県南あわじ市広田
中新世白亜紀…ヤーディア
⑱福井県高浜町難波江
中新世三畳紀…アンモナイト
⑳岐阜県高山市福地
古生代ペルム紀…直角石
㉑熊本県上天草市（栂島）
中生代白亜紀…アンモナイト
㉓福井県高浜町小黒飯
新生代第三紀中新世…アッツリア
㉘兵庫県南あわじ市地野
中生代白亜紀…モササウルス
㉙富山県富山市八尾町
新生代第三紀中新世…ビカリア
㉙福井県福井市（鮎川海岸）
新生代第三紀中新世…ビカリア
㉚石川県志賀町関野鼻
新生代第三紀中新世…ムカシチサラガイ

㉛富山県高岡市
新生代第三紀鮮新世…ホオジロザメ
㉜石川県七尾市白馬
新生代第三紀中新世…ノトキンチャク他
㉝兵庫県南あわじ市湊
中生代白亜紀…プラビトセラス
㉞㊹㊼㊾岐阜県本巣市根尾
古生代ペルム紀…ベレロフォン、オウムガイ、サンゴ、菊花石他
㉟新潟県糸魚川市青海
古生代石炭紀…直角石、ムールロニア他
㊱三重県志摩市恵利原
中生代ジュラ紀…キダリス
㊴長崎県長崎市（沖ノ島）
新生代第三紀漸新世…アッツリア
㊶岡山県津山市（皿川）
新生代第三紀中新世…ビカリア他
㊷石川県金沢市大桑
新生代第四紀更新世…獣骨、ウニ類他
㊸三重県津市柳谷
新生代第三紀中新世…メガロドン、エゾフネ
㊽㊺千葉県市原市瀬又
新生代第四紀更新世…カメホウズキチョウチン他
㊼滋賀県多賀町（権現谷）
古生代ペルム紀…三葉虫
㊽宮城県気仙沼市上ノ瀬
古生代ペルム紀…ミケリニア

第1章
東奔西走

化石採集は旅の一環でもある。
単に化石を採集するだけでなく、その行程も楽しみの一つだ。
北海道から九州まで、旅を楽しみながら
化石を採集するのが僕のやり方だ。

1 〈北海道〉上猿払のキダリス

　北海道道北の猿払村上猿払周辺にも白亜紀層が分布し、アンモナイトなどが産出している。そのことはあまり知られていないようで、僕の仲間の間でも、ここを訪れる者は誰もいない。たくさん産出する場所ではないので仕方ないのかもしれない。ただ、この場所からはキダリス（ウニ）の化石が出るのだ。キダリスが好きな僕にとっては見逃せない産地になっている。

　この地域は標高が低く、山も傾斜が緩やかで急な谷を造らない。そうなると谷の傾斜も緩いので大きな谷もなく、崖も少ない。どんなところから化石が採れるのかというと、ほぼ平坦なところを流れる小川の岸辺、林道の崖などである。

　川の名前は石炭別川といい、ちょろちょろと流れる細い川だ。あたりには平らな笹原が広がり、見通しも悪く、下手をしたら自分がどこにいるのかさえもわからなくなってしまうちょっと危ないところだ。

　今ではGPS機能を搭載したスマホがあるので、準備さえしていけばその心配もないが。

　そんな場所なので化石の産出量も少なく、愛好家が訪れることもほとんどない。

　それでも僕は以前から何度も通っている。初めて行ったのは、1989年の夏、社会保険事務所を退職し、自由人になってすぐのことだ。

　豊富温泉と浜頓別を結ぶ道の中間あたり、猿払村上猿払に小さな露頭があり、そこからキダリスやアンモナイトなどの化石が出るのだ。

　化石を含んだノジュールはとても少なく、行っても採れないときが多い。でも、行かなければまったく採れないので、一年に一度はのぞいてみることにしている。採れるときは化石の入ったノジュールが2、3個採れることもあり、中から決まってキダリスの棘（とげ）が出るのだ。

　白亜紀の地層でキダリスの化石が集中して産出するのは日本で唯一この産地だけだろう。出てくる化石は、様々な形をしたキダリスの棘と本体。そして、ゴードリセラス、テトラゴニテスといったアンモナイト類。そのほか、二枚貝、巻貝、腕足類、六射サンゴ、魚骨・魚鱗などの魚類、裸子植物の毬果（きゅうか）で、意外と多種多様だ。これは長年の成果であり、産出量はとても少ない。しかしとても興味のわく産地だ。

猿払村上猿払の化石産地
小さな露頭で産出も少ないが、お気に入りの場所だ。

北海道に通い始めの頃は、地質図を見ながら、とにかく車を走らせたものだ。地層を追い、崖があったらくまなく見る。そんな感じで見つけた場所だ。

　この周辺には、道路工事でできた崖や切り割りがところどころにあり、思いもよらぬ化石が産出することがある。今では採れないが、とても大きなイノセラムスを採集したこともあった。

　林道もたくさんあって、そこからもアンモナイトなどが採れているようだが、ゲートがあるので入ったことはない。最初に述べた石炭別川も怖いので歩いたこともない。いつも道道脇の露頭だけで採集を行うのみだ。もっと真剣に、やる気を出して頑張れば、未知の化石産地が見つかるかもしれない。

フラスコのような形をしたキダリスの棘
猿払村のキダリスは多彩な形状をする。

イチゴのような形をしたキダリスの棘
この形状がごく一般的だ。

2種類のキダリスの棘
こん棒状をしたものとイチゴ形をしたキダリスの棘。

こん棒状をしたキダリスの棘とアンモナイト
アンモナイトとキダリスの棘が同じ石から出るのはめったにない。

2 〈岡山県〉大佐の巨大ビカリア

　1998年11月のある日のこと、化石仲間の足立君から電話があり、これから遊びに行っていいかという。午後になり、足立君がやってきた。岡山県の大佐町(現・新見市)に行った帰りらしい。彼の家は能登川町(現・東近江市)で、彦根市からは15kmほど西に位置する。成果があったので自分の家を通り越し、急いで見せたかったのだろう。

　さっそく自慢の成果を見せてもらった。不完全ではあるものの、大きなビカリアを採集していたのだ。大きい、僕は正直そう思った。

　大佐町田治部の産地、大畑川には、以前一度行ったことがあったが、詳しい産地がわからず、素通りしていた。採集場所は、道路からJRの線路を渡った小さな川で、見えなかったからだろう。昔のことなのであまり記憶はない。

　足立君曰く、川底に見えていたそうだ。とりあえずこれだけを採集して帰ってきたようで、まだ採れそうだという。

　余談だが、彼はこれからもう一度行かないといけないと言った。川の土手に一眼レフカメラを置き忘れたのだそうだ。彦根から新見まで、高速道路だけで320kmもある。そんな遠いところにとんぼ返りするなんて大変だ。後日、無事に回収できたという報告があったが、僕ならどうしたろう。ガソリン代に高速代、疲労度などを考えると、うーん、やはり行くか。

　こんなに大きなものが採れると聞けば僕も行かないわけにはいかない。11月14日と15日、遠いので1泊での採集だ。

　大畑川は川幅2m前後の小さな川だ。適当なところで川に降り、河床を丁寧に見ていく。河床には白い貝殻が目立った。カキの化石だ。目につくのはほとんどがカキで、他にはヘナタリなどの小さな巻貝だった。

　さらに探すと、カキ化石の合間に、丸い断面が見つかった。うーん、何だろう。そうか、これはビカリアの断面に違いない。僕はぴーんときたのだ。

産地の様子
ビカリアは河岸の崖や河床から産出する。

大畑川の様子
小さな川で水量は少ない。

タガネを使い、ビカリアと思われる化石から10cmほど離れた場所を掘っていく。大きく採らないといいものは採れない。これは鉄則だ。ここで焦ってビカリアだけを採ろうとすると、必ずといっていいほど欠けてしまうものだ。欠けなくとも棘が飛んでしまう可能性が高い。少々面倒だが、大きく掘って母岩付きの標本として採集しなければならない。

母岩は砂混じりの泥岩だが、非常に粘っこく、タガネがなかなか刺さらない。それでもがんがんとタガネを打ち、何とか大きく取り出すことに成功した。丸いものは予想通りビカリアの断面だった。とても大きく、高さは13cmもあった。

他にもあるに違いないと、再び探索を始めた。すると今度はビカリアの殻口部らしきものが見えた。先ほどと同じように少し離れたところにタガネを打つ。すると、このビカリアのすぐ隣にもう一つビカリアが見えたのだ。ビカリアだけを取り出そうとして、すぐ隣にタガネを打っていたなら、きっと二つ目のビカリアに突き刺さっていたに違いない。

こうして今度はビカリアが二つ並んだものを採集することができた。それにしても大きい。今まで採集した、岡山県奈義町や滋賀県の鮎河のビカリアとは桁違いである。なぜだかわからないが、大きくとても迫力のあるビカリアの標本ができあがった。

この巨大なビカリア標本、採集してから約20年が経ち、母岩に含まれる硫黄分のせいか、結晶化して母岩が膨らんでしまった。そして運悪く二つとも本体にヒビが入ってしまったのだ。

母岩付きにこだわっているため、かえってこんな目に遭うこともある。こういう場合は早々に母岩からはずすことが必要だ。そうでないと母岩もろともバラバラに崩れてしまうだろう。

そうそう、普段の川底はコケで覆われていることが多いので、デッキブラシで河床をこすりながら探すと良い。

巨大ビカリア
右の窪みはタガネを入れた跡だ。

河床のビカリア
ビカリアは時折このようにして見つかる。

3 〈福井県〉貝皿のアンモナイト

　福井県大野市貝皿（当時は大野郡和泉村）に初めて行ったのは1973年のことだった。貝皿は、ジュラ紀のアンモナイトが採れるところとして有名な場所だ。薄暗い沢を遡ったのだが、何の収穫もなく終わっていた。というか、記憶そのものもないくらいだ。そのあと足立君とも行ったが、このときもまったくのボウズだった。

　月日は流れ、1999年頃、砂防ダムの工事が行われていた。貝皿の集落を流れる洞ヶ谷の上流部で、堰堤工事に伴い、道をつけるために地層を削ったようだ。このとき、ちょうどうまい具合にアンモナイトの地層にぶち当たったのだ。

　たまたま貝皿に巡検に行った折、ちょうど運良く工事に遭遇し、期待が膨らんだ。その日の収穫はまあまあだったが、さほど見栄えのするものはなかった。ただ、かなり大物の破片がいくつか採集でき、大きな完全体が採集できる期待感が高まった。

　その直後、台風16号の影響で白鳥町や和泉村で集中豪雨があったというニュースが流れた。和泉村で1時間に70mmの雨が降ったというから、僕の心がはやった。これは期待できるぞと、さっそく9月19日、2週続けての遠征になった。

　現地に到着すると、沢の地形は大きく変貌していた。土砂は流され、新しい砂防堤は土砂で埋まっている。そしてあちこちに美味しそうな石がごろごろと転がっており、まったく予想通りの展開だった。その光景を目にした途端、頭の中には直径10cmのアンモナイトがちらつき始め、絶対的な自信がみなぎってきた。

　すぐに直径5cmくらいのものが2個採集でき、次は10cmと願いながら、目の前の石にハンマーをあてた。その瞬間、本当に久々に「オーッ」という雄叫びがあがったのである。

　なんと10cmどころか、12cm以上もあるアンモナイトが欠けることなく、しかも立体的な形で僕の目の前に現れた。僕は

産地の様子
貝皿では左の河原で探索することが多かった。

アンモナイトの出る露頭
このあたりにアンモナイトは多かった。

「ヤッター、ヤッター」と一人で叫びながら車のところまで大事そうに運んだ。一見するとシュードニューケニセラスであるが、殻表に現れたイボがすごい。一瞬、白亜紀のメナイテスを想像した。

沢の最上流部にも行ってみた。1週間前は草木が茂ってとても入っていく気になれなかったのだが、土砂も草木もすべて流されて地層が露出していた。河床は1mほど下がったようだ。ここでも縫合線が見事に現れた長径6cmほどのフィロセラスが採集できた。

帰りに、下山にも立ち寄ってみたのだが、ここでも工事中の砂防堤は土砂で埋まっていた。川岸の土砂もすべて流されて川幅が大きく広がり、美味しそうな石がごろごろとしていた。わずか10分ほど見ただけだったが、それでも5cmくらいのアンモナイトが採集でき、この日の収穫は5cm以上のものが6個と大収穫だった。

今回の華々しい成果は集中豪雨のおかげだが、貝皿の集落に何の被害もなかったのは幸いだった。この程度の豪雨が度々ある

長径 12.3cm の大物
この標本が一番大きなものだ。

と、化石採集にも常に熱が入るというものである。

その後、工事は完了し、洞ヶ谷は元の静けさを取り戻した。しばらくは化石がたくさん採れたのだが、次第に転石がなくなり、それと同時に、草木が生え、あまり採れなくなってしまった。化石の入っていそうな転石がほとんどなくなったので、地層を直接掘らなければならず、アンモナイトを得るのは難しくなった。

アンモナイト発見
石の中にアンモナイトが見えている。

4 〈秋田県〉男鹿半島・安田海岸の化石

　秋田県男鹿市の男鹿半島の北、半島の付け根あたりに安田海岸がある。第四紀更新世の地層があり、たくさんの化石が産出する。

　初めて行ったのは 2000 年 10 月のことだった。敦賀から新日本海フェリーに乗り、新潟を経由して秋田港に着く。秋田港から安田海岸までは車で 1 時間弱の距離だ。

　彦根を出てから、約 24 時間で到着だから楽な巡検だ。ちなみに車で走ったら、距離が約 1,000km あるので大変だ。到着した頃にはくたくたになって採集どころではないだろう。

　砂浜の入り口に車を止め、海岸を西に向かう。途中には地学案内の看板が立ち、このあたりの地層を解説している。

　しばらく行くと崖の下の方にエゾタマキガイが密集した化石層が現れた。この地層は安田層といって、今から約 10 万年前の地層だ。細かな砂と泥が混じっている。

　化石はエゾタマキガイばかりで、他の種

安田海岸の風景
安田から西方向に地層が連なる。

類は見当たらなかった。すぐ近くでは、カズラガイやエゾタマガイ、シキシマヨウラクなども出てきたが、散在で産出した。

　さらに進むと、地層が変化したのがわかる。鮪川層が現れたのだ。今度は約 50 万年前の地層だ。先ほどの安田層の地層は水平になっていたが、鮪川層は東にかなり傾いている。岩質も変わり、やや砂が勝っているようだ。

　化石は種類が豊富になり、ホタテガイやエゾキンチャク、ビノスガイなどの二枚貝類、ツリテラやヒタチオビガイ、ヒメエゾボラなどの巻貝類、さらにクチバシチョウチンやカメホウズキチョウチンなどの腕足類も産出した。

　この先には 2 枚の亜炭層も見られるが、この時代に大津波でもあったのだろうか。亜炭層は各地で見られるが、津波で大量の木材が押し寄せてできたのではと考えている。そうとしか考えられないのだ。

　海岸を歩いていると、現生の貝類もたくさん打ち上げられている。種類も多いので、貝拾いも楽しい。

　ただ、エゾタマキガイやカズラガイなどは、化石とまったく同じなのだ。化石が自然に地層から分離して砂浜に転がれば、化石なのか現生のものなのかまったく区別がつかない。環境が昔も今もほとんど変わっていないということだろう。

　初めて訪れたときには、紫色をした、浮遊性巻貝のルリガイがたくさん漂着してい

た。浮遊性なので、北西の風で押し流されて一斉に漂着したのだろう。ルリガイは浮囊と呼ばれる浮き袋にぶら下がって海面を漂い、クラゲを食べて生きているらしい。

ルリガイはとても美しい貝だ。いくつか拾って帰ったが、もっと拾っておけば良かったと後悔している。翌年の4月にもう一度行ってみたのだが、ほとんど見ることはなかった。わずかに砂に埋もれ、薄い殻なので壊れているものがほとんどだった。「化石は採れるときに採っておけ」と一緒で、「貝殻も拾えるときに拾っておけ」だった。

安田海岸にはすでに6回も訪れている。確実に収穫はあるし、晴れていれば景色がきれいなので、気分はとても良く、楽しい化石採集ができる。

日本ジオパークにも認定されて、安田海岸は見学コースにもなっている。見学地は近くにもたくさんあるので、一度訪れてみてはどうだろう。

まったくの余談だが、秋田港近くの道の駅で寝ていたら、夜中に職務質問を受けてしまった。一台一台怪しいやつがいないか調べているのだろう。こっちは夢のなかを起こされたのでぼーっとしている。「怪しい者ではありません。旅行者で、明朝のフェリーで帰るだけです」と説明したが、もし車の中を調べられたら、ちょっと弁解に時間をとられることになっただろう。ツルハシにバールと怪しい道具がいっぱいだからである。

僕は今までに三度、職務質問を受けたこ

鮪川層の露頭
鮪川層からは多様な化石が産出する。

安田層中のエゾタマキガイ
この層からは他の化石は見られなかった。

亜炭層
鮪川層中にあって、2枚狭在する。

とがある。一度目は日本一周自転車旅行の折で、群馬県の高崎観音の前で野宿したときだ。

二度目は和歌山県の新宮あたりを自転車で走っていたときだ。突然覆面パトカーに呼び止められたのだ。おまわりさん曰く、こんな所を自転車で走っているのはおかしいと。僕は思った。このおまわりさんはサイクリングというものを知らないのかと。

カメホウズキチョウチン（上段左）
時折このような腕足類も見つかるが、壊れやすい。
エゾキンチャク（上段右）
この産地のエゾキンチャクはやや小型のものが多い。

シキシマヨウラク（中段左）
ヨウラクガイの仲間も多く産出する。
カズラガイ（中段右）
これは化石だが、現生のものも海岸に打ち上がっていて紛らわしい。

現生のルリガイ（下段左）
紫色（ルリ色）をしてとても美しい。
エゾタマガイ（下段中）
大きくて迫力のある標本だ。
ホタテガイ（下段右）
ホタテガイ類も小型のものが多い。

5 〈福井県〉上伊勢のサンゴ化石

　岐阜県大垣市の金生山で知り合った化石仲間6人で福井県和泉村（現・大野市）の上伊勢に行くことになった。2000年11月5日のことだ。

　金生山に何回も行くと、いつも顔を合わせる人がいて、話が合えばそのうち親しくなっていき、今度どっかに一緒に行きましょうかとなる。そんな面々が6人集まったのだ。みんな古い時代が好きで、相談の結果、大野市の貝皿と上伊勢に行くことになったのだ。

　初日は貝皿に行き、アンモナイトを探した。当時、貝皿は砂防ダムの工事が行われていて、たくさんのアンモナイトが産出していた。その工事も終盤にさしかかり、量は採れなくなっていたが、それでも探せばそこそこ見つかった。貝皿は何度も来ているので、この日は僕が案内役だ。

　翌日は上伊勢に向かった。九頭竜湖の湖畔を油坂峠の方向に進み、白馬洞の先で右折だ。夢のかけはしなるものを渡り、そこから延々17km、林道を奥に進む。そしてようやく上伊勢の集落跡に到着だ。

　上伊勢には以前にも足立君と来たことがあったが、詳しい場所がわからず、結局ボウズに終わっていた。今回は違う。案内人付きだ。

　畑の跡を歩き、谷の奥に向かって進んでいく。開けていたところを過ぎ、林の中を進んだ。山裾を歩いているようだ。次第に石灰岩が転がりだし、気分が上がっていく。谷は細くなり、対岸に渡ったところが産地らしい。

　露頭というようなところはなく、斜面に生えている木の下あたりを掘るらしい。試しに掘ってみると、赤茶けた石灰岩が現れた。頁岩の塊も現れ、割ってみるとすぐに化石が見つかった。近くには大きな石灰岩の岩体もあり、その中に蜂の巣サンゴが確認できた。

　頁岩の塊を割ると、小さな石灰岩がいくつも出てきて、それらはたいてい化石その

上伊勢の化石産地
正面の谷が産地だ。昔はここに集落があったらしい。

化石を探す
上伊勢では山の斜面で化石を探す。

ものだった。蜂の巣サンゴに日石サンゴ、単体の四射サンゴも見つかった。

　頁岩を細かく割っていくと腕足類や二枚貝、巻貝といった化石も出てきた。種類は多そうだ。

　もっとも出のいいところにみんなが集まり、産地は局所的にごった返した。急斜面の上なので、みんなで足場を作り、ツルハシを使って一生懸命に掘る。このときは群体四射サンゴのいいものが多く採れたし、日石サンゴのきれいなものが採集できた。

　そして奇妙な化石も見つかった。スリバチ状をした軟体動物の殻だ。同じものが2個出たので、一つの種だろうが、見たことのない種類で、未だにわかっていない。デボン紀には未だに知られていない種類の動物が生きていたのかもしれない。

　その後も何度となく行ったが、大変楽しい場所だ。ただ、山奥なので一人で行くには勇気のいる場所だ。

きれいな日石サンゴ
上伊勢の日石サンゴはコントラストが強く、とても美しい。

蜂の巣サンゴ
ヒデンシスと呼ばれる蜂の巣サンゴの一種。

6 〈和歌山県〉藤島海岸のツリテラ

　福井県高浜町の難波江で知り合った化石仲間に、和歌山県の白浜にツリテラがたくさん出るところがあると教えてもらった。

　2000年12月、さっそく行ってみることにした。場所は和歌山県白浜町の藤島という海岸で、砂浜の中にツリテラがあるという。砂浜？　現生でもあるまいしと不思議に思っていた。

　そこは対岸に白浜温泉が見渡せるところで、白い砂浜に岩盤が露出し、そこからツリテラが出るという。確かに、半分砂に埋もれたところにツリテラが見つかった。

　ただし砂浜の奥ということで、あたりはゴミだらけだ。正直言って、本当に汚いところだった。岩盤には原油だろうか、アスファルトがくっついていたり、プラスチックなどゴミが散乱していた。流木程度なら自然のものなので何ら気にならないが、人工的に作られた廃棄物は気に入らない。白浜温泉は目と鼻の先だし、風景はいいのだが、こんなことでいいのだろうかと気分が悪かった。

　だが、そんなことも言っていられない。ゴミを片付け、岩盤をあらわにして採集に取りかかった。岩盤は意外と硬く、しかも茶色い褐鉄鉱の塊が散在していてタガネを刺すところを探すのもままならない。

　しかも特にツリテラの周りを褐鉄鉱が取り囲んだり、あるいはまとわりついたりしているのである。そんな状況なので、採りやすいところを探して採集することにした。褐鉄鉱がないところは何とかタガネが刺さる硬さで採集できた。いくつかゲットしたのだが、果たしてクリーニングできるものか心配だった。

　ツリテラはやや大きく、鮎河や大桑（石川県金沢市）で見るようなものとは少し違う感じがした。ツリテラ以外の化石は見当たらず、そうおもしろいところではない。一度行けばそれでいいという感じの場所だった。

　このときは紀伊半島を一周して巡検する

白浜町藤島海岸の様子
すぐ近くには温泉街がある。

硬い砂岩層にタガネを打つ
砂浜の下に地層があり、そこから採集する。

という計画だったので、三重県の尾鷲市にも行ってみることにした。

　行野浦海岸には大きな岩がいっぱいあった。護岸のため、人為的に積んであるようにも思われた。

　堆積岩であることはすぐにわかったので、一つひとつ探してみることにした。するとここでもツリテラが見つかったのだ。1個だけだったが、今回の紀伊半島巡検はツリテラオンリーの巡検に終わった。

　帰ってさっそくクリーニングだ。案の定、藤島海岸のツリテラは苦労した。褐鉄鉱の部分にタガネが当たると、先端がポキッと欠けてしまうのだ。こびりついた褐鉄鉱を剥がして取り去ることは無理なようだ。砂の部分だけを取り去り、何とかクリーニングを終了した。少々不格好だが、母岩は赤茶色で、ツリテラは灰色をし、かたまってツリテラが並ぶその景色に、まずまずの標本となった。

ツリテラ群集
ツリテラは密集して産出することが多い。

尾鷲市行野浦の海岸
海岸の道路沿いにたくさんの岩がある。

砂岩中のツリテラ
ツリテラを褐鉄鉱が覆っている。

行野浦のツリテラ
行野浦ではこの化石だけしか見つからなかった。

7 〈宮城県〉寒風沢のマツモリツキヒ

　宮城県加美町の山奥、寒風沢というところに、マツモリツキヒが多産するという。東北巡検の折、近くまで来たのだから行ってみようということになった。

　加美町を流れる、鳴瀬川の支流・田川の最上流部にあたる場所で、山形県との県境が近い。

　東北自動車道の古川インターで降り、西に進路をとる。加美町の中心部を通り、どんどんと山の方向に向かっていく。すぐに国道を外れ県道に入ると、まもなく山の中に入っていく。

　道路は舗装されているが何となく心細い。初めての場所というのは、わくわく感もあるが、道があっているのか、どこまで車で入れるのか、次々と心配になったりして、うきうき気分にはなれない。それはもっと後の話だ。

　春先ということで、道路にはまだ雪が残っていた。残雪をよけながら進むのだが、次第に道路は真っ白になり、これ以上車では進めなくなった。ここからは歩いて行こう。どれだけ歩くのかはわからないが、行くしかない。

　熊が出そうな雰囲気だが、化石の期待が大きいのでそんなに心配はしなかった。雪は残っているものの、春先なので見通しが良く、熊の不安感はなかった。

　道路はこんな山奥でも舗装されていた。どうやら昔は幹線道路として使われていたようだ。違う道が整備されたのだろうか、次第に使われなくなり、ほぼ廃道と化したように思われた。

　残雪はさらに多くなり、日陰では雪の山が道路を完全に隠していた。雪解けで、大きな雪の塊が崖下にずり落ちていたりで、雪山そのものだった。すでに加美町の中心部から20kmほど山に入ったことになる。

　道路が大きくカーブしたあたりに崖が見えてきた。雪の上を歩いて崖に近づくと、すぐに化石が見つかった。岩の質はアル

マツモリツキヒの露頭
山深いところなので残雪が多い。

レンズ状の化石層
レンズ状をした化石床にマツモリツキヒが入っている。

コーズ砂岩（花崗質砂岩）で、化石はレンズ状に入っていた。マツモリツキヒが見えていたが、地層は硬いしレンズも薄く、とても掘れるような状態ではなかった。

カーブを曲がると日当たりが良くなったせいか、路床の残雪が急に少なくなった。道路の斜面や溝にマツモリツキヒが転がっているのが見えた。これなら採集できそうである。

僕たちは思い思いの方法で目指すマツモリツキヒを探した。一番楽に見つかるのは道路端の溝だった。溝の底にはいくつもの化石が見えている。しかし、ずっと水につかっているので、本体は風化し、まともなものは少なかった。それでもツルハシで掘れば少なからずいいものが採れそうだ。

僕は場所を変え、道路脇の崖下を探してみることにした。細い溝があったので、そこを下りる。すると道路を造るときに削ったであろう石がたくさん転がっていたのである。もうこれは割り放題だ。すべての石に入っていたわけではないが、出る化石は

道路脇の溝で
溝の中でもたくさん見つかるが、絶えず濡れていて保存が悪い。

保存の良いマツモリツキヒが採集できた
鉄分のせいか、黄色く色づいて大変美しい。

しっかりとしていて質のいいものだった。特に鉄分で黄色や褐色に色づいたものがあり、だんだんと気分が高まってきた。

もうこれは大豊作だ。ただ残念なのは、種類がないことだった。出るのはマツモリツキヒ1種のみで、何の変化もない産地だ。まあ、贅沢は言っておれない。

僕たちは採れるだけ採り、リュックにいっぱい詰め込んで帰途につくことにした。

僕は少し欲張ったのか、20kg以上もある大きな母岩を1個リュックに詰め込んでいた。さらにいくつも石があり、リュックには入らないのでナップザックにも入れて持ち歩いた。手にはツルハシとハンマーも持っている。さすがにこの状態で2kmの道を歩くのはつらい。しかし、いつものように顔は笑っていた。

必死になって歩き、ようやく車まで戻ってきた。満足感でいっぱいになりながら。

寒風沢にはその後もう一度行ってみたが、やはり収穫はマツモリツキヒだけで、さすがにもう二度と行くことはなかった。

8 〈新潟県〉魚岩の魚化石

　新潟県新潟市の中心部から、南東に約20km行ったところ、阿賀野市の村杉温泉の近くに「魚岩」というところがある。2004年に市町村合併で阿賀野市になったのだが、以前は笹神村といった。

　まさしく魚化石の採れるところとして古くから知られていて、その露頭は新潟県の天然記念物に指定されている。

　ちょうど県道470号線沿いに露頭があって、石碑と看板が立っている。露頭は風化が進み、小さな泥岩のかけらが表面を覆っていて、地層ははっきりとは確認できない。そのような状態だから、ここから魚の化石が出るといわれても、出そうな雰囲気はとても感じられないところだ。

　すぐ横に安野川という川が流れていて、近くの橋の名前も「魚岩橋」となっている。そして、地層は川の中にも続いていた。

　この露頭は天然記念物になっており、ここでは採集できないので、川の中に降りてみた。

　川幅はせいぜい数mといったところで、さほど大きくはない川だ。水量も少なく、川岸には魚岩から続く地層が露出していた。希望が持てそうだ。

　足立君と2人、思い思いのところで地層をたたいてみた。地層を造る泥岩は、硫黄分が多いのか、多少酸っぱいにおいがした。いくつか石を割ってみると、魚の鱗が結構出てくる。そのうち、魚本体の化石も出てきた。さすがに魚岩というだけあって、化

天然記念物・魚岩の露頭
この場所では採集できないので、近くを流れる川で採集する。

石は濃いようだ。

　僕には何体も魚が出てくるのだが、足立君はちっとも出ないようで、少しご機嫌斜めだ。

　いつものように場所を替わってやると、いくつか魚化石をゲットしたようだった。これはいつものことだ。

　有名な長崎県壱岐島の魚化石と違って、ここ魚岩の魚化石は、きれいなものはなかなか出てこなかった。壱岐の地層は珪藻土が堆積したものといわれ、地層の色もきれいな黄色ないしクリーム色をしているし、非常に軟らかい。静かに堆積したようなので、魚体もまっすぐに伸びたものがほとんどだ。

　一方ここの地層は、きめの細かい砂と泥が入り交じったような感じの石で、灰色から茶色をしている。鉄分もかなり多いよう

だ。

　魚の体も折れ曲がっていたり、変形していたりで、かなり荒々しく堆積したようだ。

　おそらく、海底地滑りなどが起き、一気に堆積したものではないだろうか。

　何体かの化石が標本となったのだが、硫黄分のせいか、とても臭い。標本自体も粉が吹いたような状態になり、そのまま放っておいたら、きっといつかぼろぼろに風化するに違いない。

　魚の化石は淡水の地層（湖成層）から産出することが多い。他に有名なところとして、前述の壱岐をはじめ、大分県の奥双石や京都府の奥丹後半島があげられる。

　海成層では、伊豆や知多半島があげられるが、いずれも工事などで一時的に産出したものが多く、必ず採集できる場所は少ない。

魚化石のいろいろ
激しく堆積したのか、折れ曲がっている魚体が多い。

安野川の様子
川の中にも地層は続いていて、魚の化石が採集できる。

9 〈宮城県〉鶴巣の鳴門骨

『650選』の50頁下段に、ちょっと変わった骨の写真を掲載している。

調べてもなんだかわからず、まったく見当がつかなかったので、「骨（不明種）」として掲載したのだが、ようやく正体が判明した。それは、「鳴門骨」といって、タイの骨の一部のようだ。「鳴門こぶ」とか「力こぶ」とも呼ばれているらしい。

タイの骨の尾に近いところにある血管棘（きょく）の一部が大きく膨らんだもので、瀬戸内海の渦潮にもまれたタイの一部に多く見られるとあったが、他の場所でも見られるともあった。なぜこのようになるのかは不明だが、当地ではそう珍しいものではないらしい。ただ、初めて見る人にとっては気味の悪いものであるには違いない。

料理をしようとしたが、がんではないかと気持ち悪がり、廃棄しようとした人もいるらしい。決してがんではなく、何の心配もいらないという。

この化石、宮城県大和町鶴巣にある砂取り場で採集したものだ。採集というよりは、砂取り場の選別場で拾ったというのが正しい。サメの脊椎やウニ、クジラの耳骨などと一緒に転がっていたものだ。僕も初めて見る形状の骨だったので、とても興味を持った。

鶴巣の砂取り場は、第三紀中新世の青麻層という地層で、ほぼ砂の地層が広範囲に広がっている。東北新幹線に乗っていても車窓から見えるくらいで、砂取り場がいくつも点在していた。

初めてここを訪れたのは2000年9月のことだった。仲間と2人、近くの涌谷町を巡検した帰り、気になって立ち寄ったのだ。中新世といっても、500万年前とそう古くはなく、鮮新世との境目くらいだ。よって地層はとても軟らかく、中新世のイメージ

鳴門骨
魚の骨の一部が膨らんだものだ。

きれいな砂層
砂取り場の跡には砂の層が広がっている。斜交葉理も確認できる。

はまったくない。

　千葉県君津市市宿の砂取り場とまったく同じで、軟らかい砂の地層が広がっているのだ。砂取り場だけを見たら、市宿にいるような錯覚にとらわれる。

　鶴巣に最初行ったときは、砂取り場も操業していたので、民家近くに残っていた垂直の崖を見に行ったのだ。そのとき、崖の中からサメと魚の脊椎を見つけ、以後何度となく通うこととなった。

　あるとき、砂取り場から少し離れたところを探していたら、車が1台近づいてきて、「化石かい？」「これあげよう」と言って大きなサメの脊椎をもらったことがある。なぜいつも車に積んでいたのかわからなかったが、ばかでかいサメの脊椎に驚いたものだ。何しろ直径が5cmほどもあり、メガロドンか大きなアオザメのように思えた。

　何度も通ってサメの脊椎や硬骨魚類の脊椎がたくさん集まった。選別機の下のゴミを探すといっぱい見つかるのだ。いっぱい産出するといっても、地層の中に密集しているのではなく、砂の中に散在していて、それが選別機によって集められていたわけだ。

　大きなメガロドンもたくさん見つかっているらしいが、サメの歯に関していえば、せいぜいイスルス（アオザメ）の歯が拾えただけだ。

　この砂取り場、残念なことに、2005年頃にはなくなって、ただの平らな土地になっていた。楽に収穫があっただけに残念な思いがする。

大きなサメの脊椎（上）
ここまで大きいとメガロドンの脊椎と考えるのが普通だ。
魚の脊椎（左）
硬骨魚類の脊椎も多い。

砂層中のサメの脊椎
砂の層をじっくりと探すと、このような化石が見つかるが、風化が激しい。

イスルス（アオザメ）の歯
やや摩耗しているものが多いが、大きくて迫力がある。

10 〈岐阜県〉一重ヶ根のサンゴ化石

　岐阜県高山市福地温泉のすぐ近く、国道を挟んだ東側にシルル紀の化石産地がある。

　保存のいい床板サンゴや四射サンゴがたくさん産出するし、三葉虫の化石も産出する。

　その産地は一重ヶ根というところで、林道を進み、さらに山道を登っていくのだが、かなり高いところまで登ることになる。電波塔のようなものが近くにあり、その近辺の山の斜面で産出する。新平湯温泉の裏山にあたるところで、焼岳の山麓といってもいいかもしれない。

　産地からは北側に北アルプスが見渡せ、とても景色の良いところだ。

　初めて行ったのが2001年11月ということで、少々デビューは遅かった。なにぶん遠いし、はっきりとした産地を知らなかったからである。

　岐阜の青木さんに誘われ、長野の化石仲間と4人での巡検だ。

　ここではとても大きな蜂の巣サンゴが採れたそうな。サンゴ好きな青木さんは少し興奮気味に話してくれた。それならばと、僕も連れて行ってもらったわけである。

　シルル紀の地層は日本ではとても少なく、宮崎県の祇園山や高知県の横倉山が有名なところだ。他にも何ヶ所かあるが、岩体が小さく、採集には適していない。一重ヶ根の産地は火山によって持ち上げられたような地層だが、意外にも変成化はしていない。これは近くの福地温泉も同じことがいえる。

　火山岩も近くにあり、多少の変成も心配したが、化石はまったくきれいそのものだった。風化も適度に進み、磨けばやや青みが増し、さらに美しくなる。

　サンゴの隙間には、薄い凝灰岩の層が挟まり、その中から三葉虫のエンクリヌルスも時折出てくる。ひとつ引っかかるのだが、シルル紀の示準化石である鎖サンゴは出てこない。横倉山ではごく普通に出てくるの

一重ヶ根の化石産地
この山の山頂近くが化石産地だ。

斜面で化石を探す
北向きの急な斜面で化石を探す。サンゴの化石が結構見つかる。

に。また、腕足類や二枚貝、巻貝、ウニといった化石も出てこない。当時の環境の違いだろうか。

いずれにせよ、景色も良いし、楽しいところなので何回でも行きたい場所には違いない。

日石サンゴ
風化面もきれいだが、研磨するとさらに美しくなる。

泡サンゴ
泡サンゴの群体を切断・研磨したもの。特徴がよくわかる。

蜂の巣サンゴ
磨くとコントラストが良く、きれいな蜂の巣模様が現れる。

泡サンゴの群集化石
四射サンゴの仲間の泡サンゴも多い。

四射サンゴの一種
群体でやや小さな四射サンゴの一種。

11 〈大分県〉奥双石の魚化石

　大分県の山の中、九重町奥双石というところから、大きな魚の化石が産出することは化石好きの人であればみんな知っている。

　魚の化石は珪藻土中のノジュールから産出し、ブラジル産の魚化石と同じような産出の仕方をする。サケ科やコイ科の大きな化石が産出している姿は、少し日本離れした感じがする。

　そんなすごい化石が、ぱっと行って採れるわけがないと思っていても、ぜひともどんな産地なのか見てみたいではないか。気持ちが高まり、行ってみることにした。

　近くまでは来られたのだが、どこをどう曲がって行ったらいいのかわからず、迷いに迷い、地元の人に道を尋ねてようやく行き着くことができた。本当に山の中だ。

　沢スジの細い道を登り詰めるとようやく採石場に出た。採石場といっても石ではなく、土といった方がいいかもしれない。

　玖珠層群と呼ばれる地層で、ものの本には中新世の珪藻土と記してあったが、どうもしっくりしない。よく地層を観察すると、薄い安山岩の火山礫層が見つかった。火山地帯なので当然だろうが、地層もまったく水平だし、中新世ほど古くはないと感じた。それよりももっと新しく、更新世から完新世といった感じがした。

　だいたい、活発な火山地帯で中新世の地層が水平のままであるはずがない。隆起して傾いていたり、大きな断層があったりでもっと複雑な地質構造になっているだろう。

　また、中新世は最低でも500万年前なので、火山灰や火山礫の地層はもっとたくさん挟まっているはずだ。

　僕の想像ではこうだ。更新世の頃、火山

奥双石の採石場
この地層の中からノジュールが見つかり、魚などの化石が出てくる。

水平な地層
水平な地層が大きく広がる。

活動の影響で川が堰き止められ、小さな湖ができた。長い年月のうち、魚が繁殖し、周囲は広葉樹の森だった。湖には魚の死骸が堆積し、植物の葉っぱや昆虫も堆積して化石となった。時折近くの火山が噴火し、火山灰や火山礫が堆積した。そのうち徐々に隆起し湖は消滅した。さらにゆっくりと浸食され、現在の地形となった。ざっとこんな感じだろうか。

太古の様子を想像するのは楽しいことだ。タイムマシンがあったなら、ドラえもんとのび太くんを誘って検証に行きたいものだ。おっと、もちろん静香ちゃんも誘って。

それはさておき、大きなノジュールはまったく見つからなかったが、テニスボールくらいのノジュールはたくさん見つかった。その中には魚の骨片や植物化石もあった。

驚いたのは、珪藻土といわれる地層の表面に植物片を見つけたときだ。しばらく放っておいたら、化石が乾燥して、母岩から浮き上がってしまったのだ。植物片は風にゆられてひらひらとしている。透明で、まったく化石とは思えないくらいである。本当に時代の新しい地層だということを実感した。

淡水湖とされている地層は日本各地に点在している。北海道上士幌町の糠平ダム湖畔にも植物化石が産出し、火山地帯でもあるのでそうだろう。奥双石とよく似ている。

秋田県仙北市田沢湖町の玉川温泉付近にもある。ここは八幡平という大きな火山のすぐ近くだ。昆虫化石で知られている兵庫県新温泉町海上もそうだし、鳥取県鳥取市佐治町の辰巳峠もそうだ。各地から植物化石や昆虫化石がたくさん採集されている。

最も有名なところは、栃木県那須塩原市の木の葉化石園だろう。ここからはたくさんの化石が産出している。時代は更新世前期。シオバラカエルやシオバラネズミといった大変珍しい化石が特に有名だ。魚や植物化石、昆虫化石もとても保存がいいことで知られる。

日本列島は火山列島であり、地殻変動が

ノジュールと安山岩の火山礫層
小さなノジュールの上には、厚さ1cmほどの火山礫が堆積している。

植物の化石
時代が新しいので化石が浮いてしまった。

甚だしい。隆起や沈降を繰り返し、その過程で、小さな湖が形成され、化石ができる。そして何十万年という月日が流れ、我々のような化石愛好家によって、その化石が日の目を見る。そんな感じだろうか。長い地球の歴史の一頁だ。

魚の骨の一部
魚の尾びれの一部分。かなり大きな魚のようだ。

昆虫化石
ハナアブと思われる化石。

葉っぱの化石
ブナの仲間のようだ。

昆虫化石
羽アリだろうか、昆虫化石も多い。

葉っぱの化石
ノジュール中からも多く出てくる。

12 〈福島県〉小良ヶ浜の化石

　福島県富岡町の海岸に小良ヶ浜というところがある。第三紀鮮新世の地層が露出していて、貝類や獣骨などが多産する場所であった。

　ところが、2011年の東日本大震災の影響で、立ち入り制限区域となってしまった。徐々に解除されてはいるが、富岡町の北部は福島第一原発からわずか5kmと、ごく近いということもあって、2018年現在解除とはなっていない。

　初めて行ったのは2001年のことだった。つくば市の仲間に教えてもらって行ったのだが、海岸は垂直な崖が立ちはだかり、崩れ落ちた巨岩がごろごろと転がっていた。

　砂浜をしばらく南に進むと、泥岩層の合間に、砂礫の層が見つかった。ずっと続くわけではなく、レンズ状に分布している。それはいくつもあり、それぞれの中で化石が産出する。

　砂礫層はとても軟らかく、手でも簡単に崩せるくらいだ。砂礫の粒は大きく、その中に貝類や獣骨などがたくさん入っている。

　レンズ状の地層をじっくりと眺めてみると、さっそく骨がいくつも入っているのに気がついた。イルカだろうか、歯も見つかった。

　化石は砂礫の地層から飛び出しているのだ。採集するというよりは、つまみ出すといった感じだ。貝類も豊富なのだが、いかんせん、とてももろい。砂礫層は水を通し

小良ヶ浜海岸の様子
垂直に切り立った崖が続いている。

砂礫層
レンズ状に狭在する砂礫層。この中から化石が産出する。

砂礫層
垂直な砂礫層の中から化石を探す。

やすいため、風化が進むのだ。だからきつく触ると簡単に壊れてしまう。これがここの産地の一番の難点だろう。

　それでも、いくつか採集するとましなものがあった。慎重に掘り出し、タッパーに入れ、化石の隙間に砂を入れたり、ティッシュを詰めたり、タッパーの中で動かないようにしてやる。そうしないと、帰ってから箱を開けたらがっかりということになるのだ。

　事実、これだけ慎重に持ち運んでも、フルゴラリアは穴が開き、エゾキンチャクの殻は欠け、殻の薄い貝殻は粉々になっていた。多く採集し、一つでも多くまともなものを残すしか仕方ないようだ。

　サメの歯や獣骨などは堅いので何とか大丈夫だった。それにしても獣骨が多いのには驚いた。時代は違うが、三重県の柳谷と少し似ている。クジラや鰭脚類が普通に産出するという点だ。

　小良ヶ浜には今までに5回訪れている。最後に行った2005年のときは、崩落が激しいのか、砂礫層がすべて埋まってしまい、何も採ることはできなかった。それ以来行っていないのだが、立ち入りがいつ解除になるのか、期待するところだ。

砂礫層中の貝化石
砂礫層の中に見えるヒタチオビガイとネジボラ。貝殻の破片もたくさん見える。

大腿骨
鰭脚類の大腿骨と思われる。

腓骨
鰭脚類の腓骨と思われる。

13 〈高知県〉唐浜フィーバー

　猛暑で苦しんだ2001年の夏、高知県安田町の唐浜では、ちょっとした採集フィーバーとなった。

　8月2日〜4日の間、岐阜県の青木さんたちを引き連れて3人で四国巡検を行った。巡検地はシルル紀の越知町横倉山とジュラ紀の佐川町鳥の巣、そして鮮新世の安田町唐浜である。

　その結果、それぞれ期待以上の収穫を得たのだが、特に唐浜は工事中で、条件がもっとも良かった。

　唐浜は弘法大師の「喰わず貝」伝説で有名な場所である。鮮新世の地層が分布していて、珍しいツツガキやクマサカガイの仲間のキヌガサガイが多産したのだ。

　ツツガキはパイプ状をしていて、泥の中で直立する二枚貝の仲間だ。探せばそこそこあるのだろうが、なかなか採集が難しい。殻のもろいものが多いのと、垂直に刺さっているためである。キヌガサガイは自分の殻に他の貝殻片やウニの棘、小石などをくっつけてお飾りをするちょっとおしゃれな巻貝だ。

　この成果に味を占め、8月31日〜9月2日の間、今度は一人で再挑戦することになった。"化石は採れるときに採れ"をモットーにしているので、まったく迷いはなかった。そしてこのときもたくさんの収穫を得たのだった。

　さらに、9月7日〜9日、最初のメンバーでもう一度巡検することにした。今回は天気が悪く、予定が大きく変わってしまったが、雨中の横倉山ではボール状の蜂の巣サンゴや鎖サンゴ、日石サンゴを持てないくらいに採集できた。

　そして唐浜。古生代が好きな二人も、目

おびただしいノジュール
路面には雨で洗い出されたおびただしい数のノジュールが見えている。

キヌガサガイ
唐浜で一番目立つのがキヌガサガイだ。殻頂付近を貝殻で装飾するおしゃれな巻貝だ。

の色が変わってしまうほどの産状だ。工事現場の地面には、無数の化石がごろごろと転がっている。みんな完全体ばかりを採集することにした。珍しいキヌガサガイも、ここではごく普通の化石なのだ。新生代の魅力を経験してしまった二人は持ち切れないくらいの化石を採集した。

　圧巻は最終日、午前9時30分頃、雨に洗われた工事現場。なめるようにして地面を這って探していると、突然、僕の目に黒光りする三角形の物体が飛び込んだ。大きい。カルカロドンだ。学名"カルカロドン・カルカリアス"、いわゆるホオジロザメだ。

　高さは6.5cmもあり、最大級の大きさだ。歯の大きさから推定すると、体長5～6mはあるだろう。

　僕の「出たー」という叫び声に、急いで駆け付けた二人も驚きの表情をしていた。

　35年の採集歴を持つ僕でも、これほどの量、質の成果はそうそうない。彦根から500kmも距離はあるが、工事が終わらないうちにもう一度来てみようと思った。

　その年の10月1日、僕は再び唐浜を訪れた。今回は一人である。もうその年6度目の探訪だ。

　いつものように地面をなめるように見ていると、突然三角形の光るものが目に入った。またホオジロザメだ。とてもきれいに光っていて、歯冠だけが地面から顔をのぞかせていた。

　僕はすぐに取り出さず、何枚も産状の写真を撮りまくった。そして慎重に泥の中から取り出した。地層は軟らかいので簡単に

ツツガキを慎重に掘る
ツツガキが見つかったので慎重に掘り出す。20cmくらいは深く掘りたい。

ツツガキ（上）とその底（下）
底にはたくさんのパイプ状をした根が生えている。

手で取れる。

　見事なホオジロザメだ。前回のものよりは小さいが、今度は保存がいい。まったく損傷がないし、鋸歯が鋭くて恐ろしいくらいだ。

　歯頸帯と呼ばれる歯冠と歯根の間付近には、黄鉄鉱が沈着していた。これは、サメが歯を落として時間があまり経っていないという証拠だ。時間が経てば、きれいに洗われ、バクテリアも消えてしまうからだ。

　唐浜のフィーバーは2005年頃まで続いたようだ。2005年に行ったときには、道路もほとんどできあがり、一部が舗装されていた。

　この間、ちょうど20回も唐浜に通った。たくさんの化石が採集でき、本当に思い出深い土地になっている。なお、工事は完了したが、一部に地層が残され、自由に化石が採集できる場所が残されている。粋な計らいに感謝したいものだ。

ホオジロザメが落ちている（左）
地面に大きなホオジロザメの歯が落ちていた。
大きなホオジロザメ（右）
高さは6.5cmもあり、特別に大きい。

きれいなホオジロザメの歯（左）
地面にまたホオジロザメが見つかった。こちらはとてもきれいなものだ。
完璧なホオジロザメ（右）
摩耗もなく、完璧なホオジロザメの歯だ。黄鉄鉱が付着している。

14 〈滋賀県〉新名神高速道の工事現場にて

　2002年の元旦、化石仲間から連絡が入った。「土山町の新名神の工事現場で、ビカリアが出ています」と。

　彼曰く、工事が休止中の年末に土山町の新名神の工事現場に行ってみると、ビカリアが多産しているというのだ。わくわくするような話である。これを聞いたら行かないわけにはいかない。その日のうちに一人で行くことにした。場所は土山町大沢というところで、新名神高速道路の工事が大規模に行われているところだ。

　教えてもらったところに直行した。現場の産地は意外と狭くて20m四方くらいだろうか。この範囲にだけビカリアがかたまっていた。このときは約50本のビカリアを採集することができた。

　翌2日、化石仲間を引き連れ、2日続けての採集となった。あいにくの雪模様だったが、一日粘って20本ほどのビカリアが採集できた。また、メジロザメや松笠といった珍しい化石も採集できた。

　さらに1月6日、再度現場を訪れた。朝からの雪で5cmほどの積雪だったが、頑張って数本のビカリアを採集することができた。

　この産地のビカリアも鮎河と同じく、分離が非常に悪かった。砂がこびりつき、外形をきれいに出すのは不可能で、お下がり（貝殻の内部が珪酸や炭酸カルシウムなどで充填されたもの）の状態で出たものばかりだった。

　その後の連絡では、現場では工事が再開されて、地層は跡形もなくなっていたということである。いつも言っていることだが、化石は採れるときに採っておかなければならない。

　季節は変わり、春になった。再び訪れると現場は大きく変貌していた。前回の場所はすでになくなり、路床が一段と下がっていた。大きな工事現場だったので歩き回っ

新名神の産地
新名神の工事現場だ。たくさんの化石が産出した。

ビカリアの産状
ビカリアの周りを泥岩がまとわりついていて、分離が悪い。

無数のツリテラ
砂岩の岩盤の上に無数のツリテラが出てきた。

雪で一面真っ白だった
1月2日、雪で覆われた工事現場だ。日が差すにつれ、日中には雪は消えた。

て探すことにした。するといろんなものが見つかった。

　シャミセンガイ、サメの歯、巻貝、二枚貝など、たくさんの種類が集まった。

　そのうち、前回とは違う場所でまたビカリアが見つかった。今度はノジュールから産出した。ビカリアがノジュールから産出するというのはあまりないことだ。しかも密集して入っていて、ラグビーボール程度の大きさのノジュールに5、6個は入っていた。前回よりは少し分離が良さそうだ。

　また別の日、中学の先生がツリテラの密集したものを発見した。なんだか一人でごそごそとやっているようだったが、その後こちらにやってきて、ツリテラの密集体を見つけたので手伝ってほしいという。硬い岩盤に入っているので、一人ではどうにもならなくて応援を求めたようだ。

　このツリテラの密集体は素晴らしいものだった。大きな砂岩の下側に、密集して並んでいた。殻はほとんど溶け、内部がお下がりの状態で出ているのだ。しかも、黄色や赤色に色づき、とてもきれいだった。

　僕は石を割るのが得意なため、タガネを入れて大きく剥がしにかかった。

　ツリテラの岩盤は大きく剥がれ、それはそれは壮観だった。大きくてとても一人では持てないので、4人がかりで持ち上げ、先生の軽トラックに積み込んだ。本当にすごい標本だ。

　ちなみにこの標本は琵琶湖博物館に持ち込まれたそうな。その後どうなったかは知らないが、もし、倉庫に眠っているようなら、非常にもったいない話だ。

ビカリアの群集とお下がり（左2点）
ビカリアのお下がり（右）
お下がりになったビカリアだ。鉄分で赤く色づいている。

ツリテラ群集
たくさんのツリテラが密集している。

ツリテラのお下がり
ツリテラもお下がりになっていた。

15 〈宮崎県〉通浜の化石

　宮崎県川南町の通浜には、第三紀鮮新世の地層が分布していて、たくさんの化石が産出するところとして知られている。暖流系の地層で、特徴のある化石がたくさん産出するのだ。

　ここに対比される場所として、静岡県の掛川市周辺、高知県安田町の唐浜が有名だ。ともに暖流系の地層で、モミジツキヒやパンダフミガイ、ダイニチバイなど、鮮新世の特徴種が知られている。

　一度行ってみたいということで計画したのだが、滋賀県からはとても遠い。約1,000kmはある。それにこの場所だけを目指すというのもじつに効率の悪い話だ。費用もたくさんかかる。そこで、九州巡検の一環として、この川南町を組み込んだ。

　場所は川南町の漁港から、少し南に行ったところだ。最初は場所がわからず、漁港近辺を行ったり来たりで往生したものだ。というのも、漁港が立派に改修されていて、聞いていた感じと大きく違ったからだ。

　逆に北に少し行ったところには採石場があり、最初はここかと思った。場所は違ったのだが、ここでヤマセミを見てしまったのだ。ヤマセミは普通深山幽谷と呼べるようなところで見られる鳥だ。こんな開けた海岸にヤマセミがいるなんて、びっくりだった。化石採集そっちのけで、僕はしばらく望遠レンズで追いかけ回した。

　漁港から海岸を南に向かうとすぐに小さな沢がある。ここが第1のポイントだ。潮が引くと海岸には広く地層が露出するが、大潮のときが良さそうだ。

　さらに南に進むと、もう一つ沢があり、ここが第2のポイントだ。日豊本線の鉄橋をくぐり、沢の上流へと進む。大きな地層の塊が点在し、よく見ると岩の中にはたくさんの化石が入っている。鮮新世ということで、岩は比較的軟らかく、ツルハシやハンマーで簡単に割ることができるが、硬い

通浜の海岸
引き潮で地層が広範囲に露出した。

第2のポイント
小さな川に入っていく。たくさんの化石が採集できるポイントだ。

砂礫の塊などは少々手こずるかもしれない。ま、丁寧にタガネを使うなどした方が良さそうだ。

たくさんの貝化石に加え、単体のサンゴなども採れる。ただ、唐浜や掛川と違い、サメの歯が1本も採れなかったのは残念だ。採れてもよさそうな感じはするのだが、運が悪いのか、はたまた日頃の行いが悪いのか。

二枚貝で目立つのがアナダラの仲間とモミジツキヒだ。モミジツキヒは南方系のホタテガイの仲間で、ここではたくさん見つかる。さっそくこの化石が見つかったのだが、どうしてもつるっとした内側が分離してしまう。殻の外側の面はざらっとしていて分離しにくいのだ。こんな状態で無理に採集しようとすると、殻が薄いために必ず壊れてしまう。

僕はこういうときのために石膏を用意していた。殻の内側に石膏を塗り、固めてしまうのだ。そうすれば、少々不格好だがきれいに岩から取り出せるという寸法だ。見た目はいまひとつだが、壊さずに採集できる。

この考えは見事に的中し、難なくモミジツキヒをゲットすることができたのである。何事も工夫が必要である。

川南町にはもう5回も通っている。近ければ毎週でも通いたいところだが、少々遠すぎるのが残念だ。

貝化石の入ったノジュール
海岸にはノジュールがいっぱいあって、貝化石がたくさん入っている。

モミジツキヒが見つかった（上）
モミジツキヒが見つかったが、どうしても殻の内側が出てしまう。
石膏で補強する（中）
石膏を塗って補強しないと壊れそうだ。
無事に採集（下）
石膏のおかげで壊さずに取り出すことができた。

16 〈兵庫県〉淡路島の化石① ヤーディア

　あるとき、テレビのニュースを見ていると、兵庫県淡路島の緑町（現・南あわじ市）で、工事中にアンモナイトなどの化石が見つかり、化石の採集会が催されたというものだった。ふーん、いいなあと思いながらも、淡路島は遠く感じていたし、済んだことなのでそれだけになっていた。

　その後、工事も終了してブームは過ぎ去ったのだが、あるとき、神戸に住む人から、「まだ採れる可能性があるので来てみないか」というお誘いをいただいた。まだ採れるという言葉に触手が動いたのだ。それは2002年8月25日のことである。

　工事は終わっていたのだが、化石が出た場所が一部保存されていたこと、そこから出た土石が別の場所に保管されているというので、今もなお採れるというのだ。

　それは高速道路脇にある県立淡路ふれあい公園の一角で、地層にはブルーシートがかけられていた。許可を得て、少しだけ探させてもらったのだが、ハンマーを使うことも許されず、ただ転石を眺めるだけだった。何とも歯がゆい状態だ。

　管理人はじっとこちらの様子を見ているし、監視の下の見学という感じだ。もしいいものが見つかったらどうなるのだろう。きっと没収ということになるのではないだろうか。それはそれでまた悲しい話だ。

　土砂が積んであるというのでそちらの方に移動した。グラウンドの奥の方に、高さ1mくらいの山がいくつもあって、そこで探すようだ。

　この山は、先ほどのところで出た石で、削り取ったものをこちらに運んだのだそうだ。

　一山一山丹念に探してみるのだが、なに

白亜紀層
ふれあい公園に残っていた白亜紀層の露頭だ。ここからたくさんの化石が出たらしい。

土砂置き場で探す
化石含有層から土石が運ばれ、ストックされていた。

ヤーディア
少し欠けているが、大きくて立派なヤーディアが見つかった。

松ぼっくりの化石
松ぼっくりの化石も見つかった。

せみんなが見たくず石も含まれていたので、なかなか化石を見つけることはできなかった。しかし、案内してくれた人がいいものを見つけた。それは三角貝の仲間でヤーディアという大きな二枚貝だ。

　少し欠けてはいたが、まるまると膨らみ、厚質で三角貝の特徴がよく残っている代物だった。

　ヤーディアはスタインマネラとも呼ばれていて、福島県いわき市のアンモナイトセンターの近くでも採集できると聞き、採集を試みたことがあるが、岩が硬くてかなわなかった。

　緑町のヤーディアはきわめて保存が良く、スポーツセンターの管理室にはガラスケースの中に立派なものがいくつも展示されていた。二枚貝のなかでは一番好きな化石だろう。

　高速道路の工事のときには、この周辺でたくさんの化石が産出したらしい。アンモナイトもたくさん産出したようだ。大きなフィーバーだったらしいが、情報網を持たない僕は、残念ながらこのフィーバーに参加することはできなかった。

17 〈北海道〉青山の謎の哺乳類化石

　北海道札幌市から北に約40km、旧厚田村から当別町や月形町にかけては、かつて土砂を採取するところがたくさんあった。かなり少なくなったが、今でもところどころで採掘しているようだ。

　北海道に通い始めた頃、フェリーで小樽に着き、道北を目指してこの付近を通ることがよくあった。盛んに土砂を採掘しているところがあり、ダンプカーが走り回っていたのを思い出す。化石なら何でも良かったので、入れそうなところがあれば積極的に入って化石が出ないものかと探し回ったのである。

　当別町の青山と呼ばれる近辺も土砂の採掘場が多く、何ヶ所か入って探してみた。

　大きなキララガイや巻貝などを見つけたりしたが、散在で、大きな成果はなかった。

　何回も探すうち、以前は活発に採掘作業をしていたところが休業状態になり、これ幸いと入っていった。

　かなり大きな土砂取り場で、高さは30mはありそうだ。面積も広大で、野球場3個分くらいの広さだった。

　斜面の下にはイトカケガイやオウナガイ、シラトリガイといった化石が転がっていた。

　また、大きなノジュールがごろごろと転がり、その中に大きなウニがのぞいているではないか。とても大きく、10cmくらいはありそうだ。しかもたくさんかたまって入っていた。他のノジュールも割ってみると、まん丸なノジュールの中から、必ずといっていいほどウニの化石が出てきたのだ。すごいところを見つけてしまった。

　以後、この場所はお気に入りとなり、北海道に渡って一番に訪れたり、帰るとき最後に訪れたりしていた。

青山中央の土砂取り場
しばらく休業していたが、再び土砂の採掘が始まった。

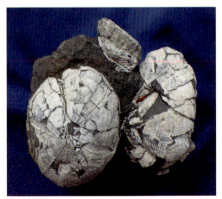

ウニの化石
ウニの化石は普通に産出する。大型で迫力はあるが、いまひとつ分離が悪い。

オウナガイ
この産地のオウナガイはとても大きい。ただ、壊れやすいため、いいものは得にくい。

エゾバイの仲間
時折このような巻貝の化石も見つかる。お下がりになっているようだ。

　この場所にはあれからすでに16回も足を運んでいる。
　そんなあるとき、2003年5月14日の出来事だ。まずはいつものようにノジュールをかき集めていた。1ヶ所にまとめてからノジュールを割るのだ。ノジュールは窪地になったところに多くかたまり、いくつも見つかった。
　そのうち、一つ大きなノジュールが見つかった。なんだか他のものとは違う様子だ。ウニの入っているノジュールはほぼまん丸が多かったが、このノジュールはやけに長細い。大きさも長さ40cmほどあるだろうか。泥の中に埋まっていてかなり汚れていたのだが、端っこの方に骨のようなものが目にとまった。
　ちょろちょろと流れていた水で泥を洗い流す。すると、肋骨が並んでいるのが目に入った。誰が見ても簡単にわかる。哺乳類の肋骨だ。すごいものを見つけてしまった。

　巡検を終え、家に帰ってさっそく水洗いをする。するとノジュールの端っこの方に肋骨が6本ほど並んで入っていた。さらに、脊椎も見えていた。
　さっそくクリーニングとなるのだが、僕はあえなく撃沈した。硬いのだ。とにかくノジュールが硬く、タガネが刺さらない。表面は風化して、砂がぼろぼろと落ちる。でも、ひとたびノジュール本体にタガネを刺そうとすると、まったく刺さらない。タガネの先っぽが欠け、どうしようもないのだ。仕方なくハンマーで端っこをたたき、少し割ってみた。でも割っただけで、それ以上どうしようもなく庭先に放置することになった。
　それから3年が経ち、何とかしようと思い、酸で処理することを思いついた。そして2006年の春、酸処理が始まったのである。
　2006年5月30日、恒例の北海道巡検から帰ってすぐ、まず手始めに、割り取った

獣骨の入ったノジュール
水洗いだけを済ませたノジュール。6本の肋骨がのぞいている。

脊椎から溶かしてみることにした。

春の北海道巡検中はああしたらどうだろう、こうしたらどうだろうといろいろなアイデアが浮かび、いてもたってもいられなかった。感情は最高値に高まっていたのだ。こんなに北海道から早く帰りたいと思ったことはなかった。

僕は慎重で、取りかかるのがやや遅い性格だが、ひとたびエンジンがかかるとここからが早いのだ。頭の中で十分なシミュレーションをしているからだろう。

脊椎の化石
ノジュールから割り取り、蟻酸で溶かし出したもの。きれいに分離した。

脊椎の酸処理は、夏の北海道巡検の間、家の中で独りでに続いていた。コンテナの中に蟻酸を入れ、ドボンと骨の塊を放り込み、北海道に出発したのだ。

夏の北海道巡検を終了しても、まだ脊椎の酸処理は完了していなかった。さらに処理を続けた結果、8月16日、作業開始から2ヶ月半が経って、ようやく完了した。

大成功だ。あんなに硬いノジュールから、見事に骨が分離したのである。石を割ったときに少し欠けさせてしまったが、完璧に近かった。

この調子だと本体もうまくいきそうなので、今度はおおもとのノジュールを酸処理することにした。方法は同じだが、肋骨は細いのでもう少し慎重にやらなければならない。

すぐに本体の蟻酸処理を開始した。大きめのプラスチックのコンテナに本体を放り込み、かなり薄めた蟻酸を流し込む。濃度が濃いと発泡が激しく、骨が壊れてしまう

蟻酸処理途中の状態
時間をかけて徐々に溶かし出していく。

謎の哺乳類化石
全体像が見えたところで蟻酸処理を終える。

からだ。泡が立つか立たない程度の濃度にし、2日ほど放置した。

コンテナの底には泥がたまり、かなり溶けているようだ。ノジュールの表面はぬるぬるの状態で、なかなかいい感じだ。

蟻酸が役目を終えて透明になった頃、一度取り出して洗うことにした。ブラシでこすり、溶けかけの泥も洗い流していく。コンテナの底には分厚く泥がたまり、念のため、それも集めることにした。

それからというもの、同じことを何度も繰り返し、徐々に骨の全体像が見えてきた。8月25日には6本目の肋骨が、10月4日には10本目が、10月21日には12本目の肋骨が出てきた。

何本もの肋骨がノジュールの表面から浮き出し、骨自体が危うくなりかけたので、一度乾燥させ、骨にパラロイドを塗布して補強した。パラロイドはプラスチックだ。プラスチックを骨にしみこませ、壊れないようにするのだ。

溶かしている途中、ノジュールに入っている何本ものヒビ（クラック）がすごいスピードで溶けていく。これには少々焦った。

クラックは方解石になっていて、純粋なカルシウム成分だから溶けやすいのだろう。そのまま放置すると一気にその場所が溶けて、ノジュールが割れてしまいそうだ。対策として、クラックの周辺に接着剤を塗ったり、パラロイドを塗ったりして、極力溶

謎の哺乳類化石
脊椎骨も並んで見えるようになった。

　ける速度を抑制するようにした。これらは権現谷（滋賀県多賀町）の三葉虫でよく試す技だ。

　何度も何度もこれを繰り返し、そしてついに12月17日に完了した。ちょうど半年がかりの仕事だった。

　まだまだ骨に石がくっついているが、これ以上やると、浮き上がった骨が壊れそうだし、自重でノジュール自体が壊れそうなのだ。しかも、全体に骨が見えているので、置く向きも考えなければならない。自分の重みで骨がつぶれては悲しい話だ。

　やり始めて半年、ついに蟻酸との戦いに勝利した。溶けてコンテナの底にたまった砂の量は4.6kgにも及んだ。ノジュールの重さは、20kgから12.6kgと、大幅なダイエットに成功したのである。

　さて、この骨は何者なのだろう。

　おそらくは小型のクジラではないだろうか。もしくはオットセイとかアザラシの仲間で鰭脚類かもしれない。いずれにしろ、冷たい海に生息していたようだ。専門家ではないので詳しくはわからないが、とにかく世話の焼ける化石には違いなかった。

18 〈福井県〉難波江のアンモナイト

　2003年の6月1日、春に工事が再開した福井県高浜町の難波江を訪れた。ちょっと様子を見に来たという軽い気持ちで訪れたのだが、なんと、アンモナイトの完全体を見つけてしまったのだ。平らに整地されたところで、さらには土砂捨て場と、立て続けにアンモナイトを採集したのである。

　難波江に分布する地層は、三畳紀後期とされていて、トサペクテンやオキシトーマ、クラミスなどの特徴的な化石が多産している。アンモナイトも、パラトラキセラスが時折見つかっているが、まだ完全体は発見されていなかった。僕もこの32年間でわずか5個の破片を採集しているにすぎない。それがこの一日だけで、完全体1個を含む数個の化石を採集できたのである。つまり、アンモナイトの含有層を発見したわけである。

　難波江は工事が中断し、化石の方もいまひとつ産出が少なくなっていたので、しば

アンモナイトの産地
正面やや右手の地層からアンモナイトが出てきた。

らく行くことがなかったのである。どうなっているのかと気になり、久しぶりに化石仲間と様子を見に行き、半年ぶりの採集となった。

　現場に着くと3人の先客がいた。
　「どうですか」と尋ねるも、いまひとつの返事。我々も思い思いの方向に散らばり、獲物を探しにかかりだした。

　崖の下の方には大きな石がたくさん置いてあり、探しがいがあるのだったが、化石の方はあまり出そうになく、僕は一人で崖の上の方に行ってみることにした。

　50mほど上の方には開けたところがあって、その端、海側にも高さ数mの露頭が続いていた。僕はその露頭を手前から順番になめるようにして見ていった。

　海側の露頭が山側の露頭にぶつかったあたり、僕の目の中になにやら丸っぽいものが入ってきた。おやっと、僕はその丸っぽ

産地は青葉山の麓だ
若狭富士とも呼ばれる青葉山。この麓が三畳紀の化石産地だ。

化石産地のパノラマ写真（大槻氏撮影）
広大な工事現場でじつに探し甲斐がある産地だった。

いものをもう一度見直してみた。それは紛れもなく、アンモナイトだったのである。

雨風にさらされており、しかも印象化石だったので、保存はとても悪く、まともなアンモナイトではなかった。でもである。アンモナイトが直接地層から産出したのはじつは初めてのことなのである。

初めて難波江でアンモナイトを採集したのは、今から32年前、この小さな半島の

パラトラキセラス
比較的保存の良い標本だ。それでも気室は空洞となりスカスカで、さらに圧力で大きく変形している。

周囲に道路を造った直後だったろう。道路下の転石、すなわち海岸近くに散らばっている転石から見つけたのだ。半欠けだったが、とても貴重な化石だと思い、大事にとってある。

アンモナイトの種類はへそが小さくて、密巻きのアンモナイト、パラトラキセラスと思われた。三畳紀後期の大変珍しいものであった。三畳紀自体、日本には地層が少なく、さらにアンモナイトとなると数えるくらいしか産地がないのである。

この近辺では京都府舞鶴市の金剛院近くと夜久野町の割石谷くらいしか存在しない。東北では三陸海岸沿いに何ヶ所かあるが、産地の少ないのは確かで、三畳紀のアンモナイトを採集するのは大変難しい。

5個採集していたうちの1個はとても大きく、住房だけの化石だったが、大きさは20cmをゆうに超える。完全体だったら、40cmから50cmといったところか。でもみんな転石で保存が悪く、完全体ではな

パラトラキセラス2個入りの標本
珍しく2個並んだものが見つかった。

かった。

それから20数年経ち、この半島がさらに削られることになったのだ。何回となく中断し、気が向いたら山を削っていくといった、何のために削っているのか、目的意識の定かでない工事だった。

僕は興奮して、みんなを呼びに行った。そしてみんなで探してみることにした。すると今度は崖下に転がっていた転石から、きれいなアンモナイトが出てきたのである。今度は保存もよく、素人が見てもアンモナイトだとわかるものだった。僕は仲間に、「下にいる大阪から来ている人たちにも声をかけてあげたら」と言った。

それから6人で採集することになったが、何個かアンモナイトが見つかり、「大発見」になったのである。この日は難波江史上大変重要な日となったに違いない。

翌週、翌々週にも訪れ、長径10cmほどのパラトラキセラスを2つも採集することができた。三畳紀ということで保存はいまひとつだが、それでも貴重な化石であることには違いない。

工事はさらにアンモナイトの含有層を貫きそうなので、9月、10月頃にもフィーバーが再来しそうな状況であった。

それからというもの、何回となく訪れ、アンモナイトをおもしろいように採集することができた。はじめの頃は噂を聞きつけた化石愛好家が10人程度来ていたが、毎週のように来るのは綾部市の大槻夫妻と僕、そして高浜町在住の中学の先生くらいとなった。結局、アンモナイトは合計50個ほど採集することができた。三畳紀のアンモナイトがこれだけ採れるのも、今後はないことだろう。

19 〈北海道〉上の沢の大型アンモナイト①

　北海道旭川市に住む大西裕さんと出会ったのは2004年の秋、苫前町古丹別川支流のオンコ沢でのことだった。

　秋も深まり、霧立の山々がかなり色づいた頃、僕はオンコ沢の産地で、せっせと崖に登って採集していた。すると乗用車が1台乗り付け、1人の男の人が車から降り、谷の反対側からこちらの方をじっと見ているのだ。なんだかいやな気がしたが、僕は無視して採集を続けた。しかしどうも気になり、何度も何度も振り返り、何なのだろうと思っていた。ついに僕は大声を出して、「化石ですか？」と叫んでみた。

　すると、ちょっと距離があったせいか、その人は両手で大きく円を描いて、○＝「そうです」と返事してきた。そのうちその人も身支度をし、沢に降りてこちら側までやってきた。僕の採集の仕方がとても気になるようで、崖下からじっと僕の行動を観察していた。僕は、「結構ノジュールがありますよ。掘ったらなんぼでも出てきますよ。こうやってね」と、崖の中に埋もれているノジュールを掘り出す模範演技をしてみせた。

　どうもこの人の採集方法と僕のやり方では大きな違いがあるらしい。その人の話によると、ノジュールは河原で転石を探すのが普通らしいのだ。崖を掘って探すなどとは思いもよらなかったのだそうだ。

　採集旅行を終えて滋賀県に帰った後、その人、大西さんから手紙が届いた。2004年の秋は雪が遅く、11月上旬まで活動ができたのだそうだ。そして、僕の直掘り方法が気に入って、小平町の露頭で試してみたのだそうだ。そしたらどうだろう。ノジュールがいくつも出てきて、結構な成果があったというのだった。

　翌2005年春、僕は7ヶ月ぶりに待ちに待った北海道に渡った。この回ほど僕は準備に時間をかけたことはなかった。地形図と地質図を分析し、ノジュールのたまりそうな小さな沢を徹底的に調べ上げ、綿密な計画を立ててやってきたのだ。しかしこの計画は無惨にも砕かれてしまった。

　この春は例年になく雪解けが遅く、いつまで経っても水が引かないのである。本流も支流も濁流が渦巻いていた。僕の感じだと、この年の雪解けは例年に比べて約3週間遅いような気がした。おかげで行くところが限られ、計画などあったものではなかった。

オンコ沢の大露頭
オンコ林道の終点近くにある露頭。この付近からはたくさんの化石が見つかる。

そんななかではあるが、大西さんがぜひともご一緒したいと言ってきたので、何日間か一緒に採集に行くことにしていた。

初日は小平町の川上地域だった。そして、時間の余ったその日は古丹別川に場所を移し、得意の場所を案内した。パキ横沢と呼んでいるその沢は、ポリプチコセラスなどのアンモナイトが比較的たやすく採れる場所で、「ついで」に行くところとしては最適だった。

残念ながらこの沢もまだ水が濁っており、長靴では少々不安な入山だった。それでもなんとかいくつかのノジュールが採れ、初日としてはまずまずの成果だった。その日は士別市まで足を伸ばし、日向温泉でゆっくりと疲れをとることとなった。

日向温泉で、明日はまず古丹別の上の沢に行こうと決めていたのに、翌日なぜか大西さんは先頭切ってオンコ沢に入ろうとしていた。オンコ沢の入り口で、僕は「やはりここは来週にしましょう。これだけ雪が残っているのだから、慌てて入らなくても大丈夫ですよ。誰も入らないでしょう。それよりも、国道に近い上の沢の方が入られやすいからそっちにしましょうよ」と、半ば強引に、予定通りの行動を主張した。大西さんも、「そうしますか」と渋々ながら僕の意見に従った。

北海道のアンモナイト探しは、はっきり言って人との競争なのである。誰かが先に沢に入ったら、もうその沢はしばらく何も採れないと思った方がいい。とにかく雪解け一番か、1ヶ月とか2ヶ月とか、しばら

上の沢の小沢
上の沢にある小沢だ。この周辺からたくさんの化石が見つかる。

く間をおいてでないと成果を得るのはまず難しい。それが現実なのだ。

いくら予定していても、沢の入り口に誰かの車が止まっていたら、違う場所へ向かうことを余儀なくされるのだ。そんなことだから、どこの沢に入るのかはよく考えなければいけない。

僕の考えは正解だったようだ。上の沢の入り口にも雪が残り、まだ誰も入った形跡はなかった。何とか採れそうである。我々は勇んで上の沢に入っていった。

沢の入り口からほんの1kmほど行ったところに大きな支流があり、ここが一つ目の目的地である。林道から沢に下り、まだまだ深く残る雪の上を歩いて、上流を目指した。笹原の上にはまだ数十cmから1mほどの雪が残っていたので、かえって歩きやすい。逆に雪がないと深いブッシュに行く手を阻まれ、大変な苦労をしたに違いない。

沢に入ってほんの100mも歩くと、前方左手に大きな崖が現れた。ここが目的地で

ある。以前もここまで来たことはあり、獲物を手にすることに自信があった。崖の下に立ち、この大きな露頭を仰ぎ見た。高さは40mから50mくらい、幅は約100mといったところだ。

僕はさっそくめぼしいところを目指して斜面を登っていった。崖の中腹まで登ると雪はすでに解けていたが、解けたばっかりなので、斜面は泥でぬるぬるしているし、イタドリの枯れた茎がすべて谷の方向に倒れているものだから、滑りやすくて大変だった。それでも歩きやすそうなところを探しながら歩いていった。大西さんも何とかついてきているようだ。

僕は下から見えていた小さなノジュールを目指し、まず崖の左手の方に登っていった。ノジュールにはアンモナイトは入っていたが、たいしたものではなかった。そうこうしているうちに、いつの間にか大西さんは上の方まで登っていってしまった。

僕は採集したノジュールを新聞紙に包み、リュックに入れてさらに上を目指した。そのときである。大西さんがかなり上の方から叫んだ。「おーい、200万円が落ちている！」と。僕は冷静を装い、「カメラを持って上がっていきますから、そのままにしていてください」と叫び返した。とはいうものの、心の中は穏やかではない。200万円というのだからよほどのものに違いない。「悔しい！」僕は正直そう思った。

斜面は徐々に角度を増し、大西さんが待っている付近は45度くらいの傾斜になっていた。45度といえばたいしたことがないように思うだろうが、見た目の傾斜というのは数字以上に急なもので、普通の人だと垂直に近いと感じるに違いない。垂直に近い傾斜というのは、実際にはせいぜい60度もあればいいくらいで、斜面に人が立って見下ろしているため、身長が上積みされて急に見えるのだ。とはいっても、45度の傾斜はあまりにもきつく、油断すると崖下まで転がってしまうほどである。僕はツルハシで足場を築きながら、慎重に登っていった。

ようやく大西さんのところまで来ると、そこには40cmはあろうかと思われる大きなアンモナイトが転がっていた。大きい、つぶれていないからさらに迫力がある。僕は悔しい思いを押し殺し、さっそく記念写真を撮った。でもなぜこんな大きなアンモナイトがこんなところに転がっていたのだろう。一番不思議なのは誰にも見つかっていなかったということだ。国道からの距離はせいぜい2km足らず。歩いたところで30分もあれば来られる近いところだ。崖の高さも、ここまでだったらせいぜい30mしかない。やはり他の採集家たちは崖を登らないのだろうか。

大西さんは、「上の方から落ちてきて、この木の枝に引っかかって、うまい具合にここで止まったんだね」と言った。でも僕は、「こんなに大きくて重いものですから、こんな木の枝くらいでは止まらないでしょう。勢いがついて沢まで転がっていきますよ。きっとこの場所近辺で自然に地層から分離して、そのまま滑ってきたのではない

上の沢産最初の大型アンモナイト
こんなものが落ちているなんて。運としか言いようがない。

でしょうか」と持論を説明した。

　大きさは、長径約35cm、重さは35〜40kgくらいだろうか。大きいのは確かだが、めちゃくちゃ大きいというほどのものではない。持ち運べる限度内の最大級の大きさといったらいいだろうか。ま、手頃な大物である。

　大西さんは運ぶことをすでに考えていて、「このまま沢まで転がした方がいいだろうね」と、僕にしたらとても無茶なことを口走った。

　すかさず、「大丈夫ですよ、このサイズならぎりぎりリュックに入るでしょうし、何とか持てますよ」と自信たっぷりに言った。自慢するわけではないが、僕の感覚は結構正確で、重さとか、大きさとか、距離などはほぼ近い数字が出せるのだ。事実、このアンモナイトはすっぽりとリュックサックに入った。

　アンモナイトは今まで僕が経験したなかでは一番しっかりとしていた。まったくつぶれていないし、本体もノジュール化していて十分に硬い。そして、表面は適度に風化し、縫合線がきれいに浮き出ており、立派なアンモナイトである。

　少しでも重量を減らすため、タガネを使ってへそを覆っている母岩をはつることにした。少々乱暴なやり方だったが、大きなタガネなので、思いの外簡単に分離し、2kgくらいは軽くなっただろう。

　このアンモナイト、どう考えたってきゃしゃな大西さんには持てそうもない。放っておくのもかえって嫌みなので、僕が担ぐことにした。ハンマーやタガネ、水筒、カメラなどすべてを大西さんに託し、僕はアンモナイト1個だけが入ったリュックと、ツルハシ1本だけを持つことになった。

　重い、ずっしりと重く、なかなか立ち上がれない。勢いをつけて立ち上がると、谷底までアンモナイト共々転げ落ちてしまい

そうなので、慎重に膝を伸ばした。やはり、40kg弱の重さだ。50kgを超えるとこうはいかない。さらに60kgもあれば簡単に立てないし、足ががたがたと震えてしまう。僕はこれなら何とかなりそうだと感じ、正直ほっとした。

しばらくは雪のない乾燥した斜面を下りていく。一歩一歩横歩きで歩いた。スパイクシューズを履いていて正解だった。とてもではないが、まっすぐ前を向いては歩けない。滑らないようにツルハシを足下に突き刺しながら、慎重に下りていった。地面は次第に濡れてきて、ぬるぬるした状態に変わった。しばらくすると再び地面は乾燥し、土の表面にイタドリの枯れ木が並ぶもっとも危険なところにさしかかった。

かなり下の方まで下りてくると残雪が現れ、しっかりとしまった雪の上を歩くことができ、一安心だった。わずか200mくらいの距離だったが、15分はかかったろうか。やっとの思いで林道にたどり着くことができた。後は車の置いてあるところまで歩くだけだ。

ようやく車までたどり着き、重いリュックを下ろすことができた。肩の荷が下りるとは、まさにこのことである。自分の獲物でもないのに、なぜここまでするのだろうかと心の中で自問自答していたが、放っておけない性格なので仕方がないのだ。もし、他人事だと放っていたなら、きっと大西さんは崖の上から大切なアンモナイトを転がしてしまうだろう。そうしたら間違いなくアンモナイトは壊れるか傷つくに違いない。化石を大事に思うが故のことである。

それにしても立派なアンモナイトだ。僕が強引に上の沢に誘わなければこのアンモナイトは採集できなかったかもしれない。誰か知らない人がいい目をしたかもしれない。僕は大西さんにとても大きな貸しを作ってしまった。

その後の大西さんといえば、最初にこんな大きくて立派なアンモナイトを採集したものだから、満足感からだろうか、その後の活動はしばらく鈍ったようである。僕はわかるような気がした。

20 〈岐阜県〉福地の直角石

　岐阜県高山市にある福地温泉。北アルプスの麓で化石産地としても有名なところだが、ペルム紀の直角石がたくさん産出するところがある。

　直角石はオウムガイの仲間で、まっすぐに伸びる種類だ。各地で産出するが、そう多くはなく、珍しい化石といっていいだろう。まして、1ヶ所からたくさん産出するというのは、きわめて珍しい。もっとも、モロッコなどでは、太い直角石がいっぱい入ったものがあって、標本店でも店頭に並ぶくらいだ。ただ、個人的な感想を言うと、あの磨き方は気に入らない。外形を出すとか、せめて平面研磨してほしい。

　ずいぶん前の話だが、福地温泉のオゾブ谷には化石仲間の1人に連れて行ってもらったことがあった。福地温泉からオゾブ谷を遡り、さらに支流に入っていったところだ。露頭ではなく、一抱えほどの転石が谷の斜面に埋まっていたのだが、一つしか

直角石の産地
オゾブ谷を登り詰めると化石産地にたどり着く。

なく、これがなくなれば終わりだということだった。

　硬い岩を割り、何個か採集したが、きれいな直角石が密集して入っていた。比較的小ぶりな種類だが、密集して産出するのは、日本ではきわめて珍しいことだ。

　あの転石が今どうなっているのか気になり、化石仲間を誘って久しぶりに行ってみることにした。

　以前は車で入れたが、今では谷の入り口に鉄製の頑丈なゲートが設置されていて、5kmほどの林道を歩いて行かなければならない。

　林道を歩き始めてすぐに、国指定の天然記念物「一ノ谷」の産地が現れた。

　ここはデボン紀の地層が残っていて、蜂の巣サンゴなど、たくさんの化石が採れるところだ。今は柵で保護されているが、僕が20歳のとき、ちょうど柵を設置してい

福地の一ノ谷
天然記念物に指定されている一ノ谷の入り口。時代はデボン紀だ。

第1章　東奔西走　　61

る最中に訪れたことがあった。僕はせっかく来たのにと、工事を目の前にして呆然として立ち尽くしたのだが、せっかく来たのだから今のうちに行ってこいと言われ、入れてもらったことがある。あのときは大きな蜂の巣サンゴや腕足類などを採集した記憶がある。あれから四十数年が経ち、大変懐かしい思いがした。

さらに1時間ほど林道を歩くと、北アルプスがとてもきれいに見えるところに出た。本当にきれいなところだ。雪解け後の春もいいし、紅葉の秋もいい。右から焼岳、奥穂高岳と並び、左端に槍ヶ岳が見渡せる。僕はあんな山々を歩いたんだなあと、しばし感激に浸ってしまう。

さらに進むと右手に伸びる枝沢があり、ここを遡ったところなので、沢の中へ転石を見ながら入っていった。

直角石の母岩は、硬い頁岩だ。かなり硬いが、割れないことはない。色は茶色で、新鮮なものはやや緑がかっている。

時折、それらしき小さな石が見つかり、直角石も入っていたが、密集したものではなかった。さらに進み、いくつか堰堤を乗り越える。このあたりの右岸にあの転石が埋まっていたように記憶しているのだが、とうとうそれは見当たらなかった。取り尽くされたのか、それとも見落としたのか、新たに岩体を探すことになった。

いくつかの堰堤を乗り越えると、右手に石灰岩のガレ場が現れた。話によると、ここから海綿の化石が見つかるようだ。

かなり細くなった谷をさらに登ると、石灰岩の縦層が現れた。この地層には、ウミユリや単体サンゴ、腕足類などが入っている。転石を丹念に探すと保存の良い化石が出てきた。フェネステラや枝状をしたコケムシも多い。石は比較的軟らかい頁岩だ。

谷は傾斜がさらにきつくなり、かなり奥まで来たことがわかる。火山地帯なので、安山岩の塊もたくさん出てきた。

大きな岩がいくつも転がっていて、その中にようやく直角石が密集して入っているのが見つかった。岩がいくつもあったので、

ウミユリの化石
ウミユリの入った岩盤だ。そのほか、コケムシや腕足類も多く見つかる。

谷の最上部は火山岩の絶壁だ
この一帯は、火山岩と堆積岩が入り交じっている。

この周辺に地層があるようだ。

　直角石は一部の層だけに密集しているようで、あとは散在といった感じだ。直径は数ミリ、長さはせいぜい5cm程度だ。

　直角石の他には、ほとんどつぶれてはいるが、二枚貝（腕足類かもしれない）や海綿類、巻貝（ゴニアタイトかもしれない）もたくさん見られるが、とにかくぺしゃんこになっているし、殻は溶けていて印象になっているので何だかわからない状態だ。とにかく、化石がごちゃごちゃと入っているのは間違いない。三葉虫も見つかったが、尾部のみだった。

　直角石の母岩がたくさん見つかったので、その周辺を探索する。すると少し上流に縦層があり、そこから直角石が見つかった。どうやらここが産地らしい。

　とうとう直角石の産地を特定できたのだ。探せば見つかるものだ。直角石の地層は谷の反対側まで続いていた。谷を挟んで、斜めに横切っているようだ。ただ、傾斜がきついので、落石も怖いし、簡単には登れない。危険なので手頃な場所だけを調べることにした。その結果、たくさんの直角石が集まった。密集度はとても高く、一つの石に何十本という断面が見えている。石の中にはその何倍もの直角石が入っているに違いない。ただ、母岩は相当な圧力を受けているので、化石の分離は悪い。なかには分離するものもあるが、まったく分離しないものもあった。そういうものは研磨標本とするしかない。研磨標本はとてもきれいなのでかえってその方が良いかもしれない。

無数の直角石
小さな穴は直角石が溶けた跡だ。無数の直角石が入っている。

直角石
平面研磨するときれいに直角石の断面が現れた。中心の筋は、連室細管だ。

直角石
外径を出したもの。非常に硬い石なので、このような標本は数少ない。

21 〈熊本県〉椚島のアンモナイト

　九州で初めてアンモナイトを採集したのは、自転車で日本一周したときのことだった。場所は、熊本県天草の姫戸町というところで、天草諸島上島の東海岸だ。今は合併して上天草市姫戸町になっている。

　はっきりとは覚えていないが、海岸を自転車で南下していると、きれいに成層した白亜紀層が目に入った。港の近くだったと思うが、ちょうど引き潮で、海岸には大きく露頭が広がっていた。保存不良ながらも、ポリプチコセラスという異常巻きアンモナイトを採集した。他には小さな巻貝が群集状態で見つかり、北海道、東北に次いで、白亜紀層の化石を採集することができた。

　このときの天草地方は、未曾有の大雨に見舞われ、大きな被害をもたらしていた。連日大雨が続き、僕が水俣からフェリーに乗ったときも、土砂降りの雨に見舞われ、大変な目にあったのを覚えている。

　倉岳や龍ヶ岳の山腹は、山崩れで大きく削られ、恐竜が大きな爪でひっかいたようにも見えた。山から海に流れる小さな沢は、ことごとく鉄砲水でひっくり返っていて、自転車で先に進むのも大変だった。

　1972年の出来事だったから、もうすでに45年以上が経ち、今ではそのときの痕跡すら見られない。地表の変化というものはものすごいスピードだと思う。

　その後何度か九州を訪れていたが、白亜紀のアンモナイトにはお目にかかることはなかった。

　2003年だったか、長崎県に住む読者から手紙をいただき、長崎周辺で採集した化石を写真入りで紹介していただいた。その中には熊本県の天草で採集したというサメの歯もあって、僕は再び天草へのあこがれを強めていったのである。さっそく手紙を出して状況をお尋ねし、詳しい地図を送っていただいた。

　翌年、綿密な計画を立て、久しぶりに天草を訪れることになった。まず、サメの歯がたくさん採れたという姫戸町姫浦の姫戸公園下の海岸を訪れた。海岸にはきれいな地層が広がっていた。岩質は砂岩が主で、礫岩質ないし泥質の地層である。潮が満ちて水中に没するところは、岩に藻が張り付いていてよく見ることができない。乾燥した、ほとんど水につかることのない見やすいところを探索してみることにした。ところが、二枚貝などは見つかるものの、なにぶん砂岩なので保存は悪く、採集には至らなかった。

椚島の海岸
引き潮時には白亜紀の地層が大きく広がる。

次いで、龍ヶ岳町（こちらも上天草市となった）の椚島に行ってみた。こちらでもサメの歯が見つかると聞いていたし、イノセラムスやアンモナイトも産出するという話だったので、期待は大きかった。

椚島に架かる小さな橋を渡り、防波堤脇の道をしばらく進むと小さな広場があり、そこに車を置いて海岸沿いに歩き始めた。するとすぐに斜めに海中に没する地層の壁にぶつかった。かなり急な角度で海中に没しているものだから、地層のひび割れにつま先を引っかけ、必死の思いでこの難所を渡った。ところが、この場所、引き潮だと1mほど海面が下がり、海底が現れるのである。そうなれば楽々と先に進むことができるから、潮の時間を調べておくことが肝心だった。

それからもう一ヶ所歩きにくいところを進むと、やや広い砂利浜に出た。山裾近くには地層がむき出しになっており、このあたりから探し始めることにした。地層面にはアンモナイトや貝類の破片が時折見つかり、何かいいものが採れるような気がした。

海岸が大きくカーブするあたりで、砂岩層に漣痕が見つかった。とてもきれいな漣痕で、剝ぎ取って標本にでもしたいくらいのものだった。あたりは砂岩と泥岩の互層が続き、アンモナイトが頻繁に確認できた。このあたりに腰を落ち着け、地層を剝がしてみることにした。すると、さっそくイノセラムスが出てきた。

大きい、なんたる大きさか。完全なら30cmはあるだろう。さらに地層を剝がす

地層面に現れたアンモナイトの痕跡
アンモナイトの抜け跡だ。風化してぼろぼろになっている。

大きなイノセラムス
30cmはあろうか、大きなイノセラムスが出てきた。

と、ポリプチコセラスやゴードリセラス、ネオフィロセラスといった白亜紀特有のアンモナイトが次々と出てきた。

種類は北海道で採集しているものと何ら変わらなかったが、産出の仕方がまるで違うのには驚いた。硬い泥質の岩に、化石が張り付いているのである。ノジュールは作らず、化石がそのまま、単独で張り付いているのである。しかも圧力のため、化石はぺしゃんこである。北海道でなら丸々としたものがころんと出てくるのに、ここでは厚さが5mm以下の印象に近い状態で出

くるのだった。

そのうち、サメの歯も見つかった。副咬頭のあるクレトラムナという種類だろうか。そのほかにはアンモナイトの顎器（アナプチクス）なども見つかって、これから何度も訪れる産地として定着したのである。

2006年春、化石仲間と2人で、再び九州に行くことになった。これまでに、北海道や東北、四国、能登など、いろいろな場所を案内してきたが、そろそろ違うところにでもと、ちょっと遠いけれど思い切って九州巡検を計画したのである。

九州巡検となると本当に気合を入れなくてはいけない。かえって北海道へ行く方が楽かもしれない。巡検ともなると最低でも4泊か5泊は必要なのだ。

時期は限られ、仲間の仕事の都合で、3月下旬しか行くことはできない。

九州へは楽をして大阪からフェリーで行くことになった。大阪南港から宮崎まで約12時間の船の旅だ。大阪港を夕方に出港し、翌朝、宮崎港に到着した。春休みということで、船の中は学生や一般の旅行者、帰省の人たちでいっぱいだった。

上陸してすぐに北上し、まずは1時間ほど車で走ったところにある川南町の鮮新世の地層で採集することにした。ここは静岡県の掛川地方や、高知県安田町唐浜と同じく、黒潮系（暖かい海）の化石が採れる。日向灘に面した海岸縁で、安全にしかも楽に採集を楽しむことができ、大変おもしろい産地であった。

ここに来るのも早4度目で、今までに結構な種類を採集していたが、サメの歯だけは採集していなかったので、当然にして今回の目標はそれだった。

幸いに天気もよく、採集日和ということで、たくさんの化石を採集することができたのだが、サメの歯はとうとう見つからなかった。しかも、風が強く、波も高かったので海岸に露出する岩盤からは採集することはできなかった。風がなく海が穏やかだと、引き潮のときには大きく岩棚が露出し、岩盤に無数の化石が現れるのだ。そんなときはもう採り放題だから笑いが止まらない。お天気ばかりは何とも仕方ないし、また来ればいいさとこの場所を後にした。

2日目は急いで熊本県の天草まで行き、ゆっくりと化石採集を楽しむつもりでいたのだが、あいにくの雨。仕方ないので国道をのんびりと走り、昼過ぎに天草に到着した。少し天気が回復したので、姫戸公園下の海岸でサメの歯探しをすることにした。二人で探せば1個くらいは見つかるだろう

椚島産のゴードリセラス
ぺしゃんこに押しつぶされているが、きれいなゴードリセラスだ。

ポリプチコセラス
大きなポリプチコセラスだ。北海道でもこれだけのものはなかなか見つからない。長径は13.3cmある。

姫戸公園の単体サンゴ
砂岩を割っていると、時折単体の小さなサンゴが見つかる。

と思ったのである。海岸に着くと運悪く再び雨脚が強くなり、カッパを着ての採集になった。岩盤の表面を見たり、転石を割ってみたりしたが、なかなか期待していたような化石は見つからなかった。しかし、単体サンゴとか二枚貝などが見つかって最低限の成果は手にすることができた。

3日目、いよいよ椚島での採集だ。幸いお天気も回復し、採集日和になった。さらに運が良いことに、2003年に来たときは難所になっていたところが、港を拡張したことによって埋め立てられ、難なく進むことができたのである。これは本当に幸いだった。以前来たときは重たいリュックを担ぎ、バールも持っていたので、ひーひー言いながら渡っただけに、月とすっぽんの違いだった。

さっそく、以前採集したアンモナイトの含有層を調べてみることにした。ところが、いくら探してもアンモナイトは出てこない。アンモナイトの破片やイノセラムスは出てくるのだが、まともなものは何一つ出てこなかった。場所を変えてカーブの少し先も見てみた。ここではアンモナイトの破片の他に、トリゴニアやグリキメリスといった二枚貝の化石が見つかった。

さらに場所を変え、ここぞと思うところを掘ってみることにした。するとどうだろう、少しまともなアンモナイトが出てきたのである。僕は連れを呼び、一緒に探してみることにした。するといくつかゴードリセラスやダメシテスといった正常巻きのア

ンモナイトを採集することができた。

しばらくして、地層を大きく剝がしてみると異常巻きのポリプチコセラスが出てきた。しかも大きくて保存がよい。今までに採集したものよりはるかに保存がいい。もちろんつぶれてはいるが、形がまともなのである。北海道ではポリプチコセラスを得意にしているだけあって、僕は大変うれしかった。

大きさは長径約13cmと、北海道でもなかなか見つからない大きさだ。九州でもこんなものが出るのかと、喜びと驚きでいっぱいだった。

なんやかんやで結構な収穫になり、「そろそろ行こうか」と仲間に声をかけた。すると、「もうちょっとやらせてください」と、なにやら見つかりそうな雰囲気がしてきた。僕は帰り支度をしながら、彼の方をずっと見ていた。すると、「出ました！」の叫び声がしたのである。彼は、「パキです」と興奮したような声で叫んだ。

それはやや立体的で、保存状態も申し分なさそうである。直径が約6cmで、やや小ぶりではあるが正常巻きのアンモナイトとしてはまずまずの大きさだった。

この日はなかなか保存のよいサメの歯も見つかり、天草巡検は成功裏に終わったのである。

この椚島から正面に見える御所浦島も白亜紀の地層が広がり、全島化石の島として名高いところである。さらにその先の鹿児島県獅子島にも地層が続いていて、この天草一帯は九州一の白亜紀化石産地となっている。

椚島から御所浦島を望む
八代海には白亜紀層でできた島々が並ぶ。

22 〈北海道〉上の沢の大型アンモナイト②

　大西さんが上の沢で大型アンモナイトをゲットしてから2年が経った。この悔しさを晴らすべく、2007年5月19日、僕は一人で上の沢に向かった。

　斜面を登り、もう1個落ちていないかと探しにかかった。厚かましくも、2匹目のドジョウを狙ったわけである。

　すると、斜面のやや左手で、大型アンモナイトが岩盤から少しだけのぞいている。やった。やっと見つけたぞ。でも、うれしさと同時にすぐに心配がよぎった。掘り出せるだろうか、持って帰れるだろうかと。

　ツルハシとタガネを使い掘っていくと、次第に全容が見えてきた。直径は60cm以上ありそうだ。大西さんが見つけたものよりも、一回りは大きいだろう。

　残念ながらひびが入っていて、いくつかに分けて取り出すことになった。岩盤を掘るに当たり、すぐ横を走る砂岩脈も取り除く。砂岩脈は厚さ5cmほどで、断層を埋めるような形だった。すると削り取った砂岩脈の中から、大きなサメの歯が出てきたのだ。惜しくも先端が欠けていたが、立派なサメの歯である。種類はクレトラムナだろうか、大きな副咬頭もついている。

　僕はどう解釈して良いかわからなかった。成層した泥岩から出たのならわかるが、脈石からである。この脈石は地殻変動でできたものだろうが、堆積途中の早い時期に断層の隙間を砂が埋め、同時にサメの歯が堆積したのだろうか。つまり、アンモナイトとこのサメの歯は、堆積した時代が少し違うということだろうか。とても不思議な産出で、未だに解釈ができない。

　当の大型アンモナイトは、いくつかに分かれたものの、無事に採集し、苦労して運び出すことができた。

　このときは林道の中まで車が入れたので、難なく車に積み込むことができたのである。

　このアンモナイトを掘っているとき、「一つ出るということは二つ出る可能性がある。一つしかないものであれば、そう簡単に見

わずかに岩盤からアンモナイトがのぞいている
地層の中から大きなアンモナイトが顔を見せている。

クレトラムナ
地層を縦に貫く砂岩脈の中からサメの歯が産出した。

第1章　東奔西走

つかるわけがない」、僕はそう考えた。

そして休憩がてら、あたりを見回したのである。するとどうだろう、すぐ上にある木の根っこあたりに大きなアンモナイトが引っかかっているではないか。

僕は笑いが止まらなかった。考え通りになって、すごいな自分と思った。

それは、アンモナイトが引っかかっているというより、木の根っこが抱きかかえているという感じだ。きっと長い間この場所で地層から分離し、そして風化し、木の根に守られていたのだろう。その証拠に表面はすごく溶け、縫合線が丸見えだった。

上の沢の大型アンモナイトは、このあとも次々と見つかるのだった。本当に大型アンモナイトが多いところで、僕は古丹別川第二の「パキ崖」と呼ぶことにした。

上の沢の特徴は大型アンモナイトの産出だけではなく、異常巻きのハイファントセラスがたくさん産出することだ。さらに、僕の好きなテキサナイテスも非常に多いし、珍しいハボロセラスも見つかる。

上の沢は、この4種のアンモナイトが必ずといっていいほど見つかる僕のお気に入りの場所となっている。

全体像が見えた
ようやく全体像が見えてきた。かなり大きなアンモナイトだ。

すぐそばでもう1個見つかった
木の根が大型アンモナイトを抱えている感じだ。

テキサナイテス
上の沢ではテキサナイテスとハイファントセラスも多い。

23 〈福井県〉高浜のアッツリアフィーバー

　それは2007年12月25日のことだった。京都府綾部市に住む化石仲間の大槻さんから連絡が入った。福井県の高浜町で、オウムガイの一種であるアッツリアが多産しているとのことだった。オウムガイ、僕にとっては夢のような化石が多産ってすごいことである。

　大槻さんの話によると、綾部にある化石同好会の年末の集まりで、会員の一人がアッツリアをはじめ、たくさんの化石をお披露目したそうな。高浜町でそんなものが多産していることを誰一人知らず、みんな色めき立ったそうだ。それで、すぐにみんなで現場に押しかけたということだ。そしてその結果を僕にも教えてくれたのだった。

　僕はその話を聞き、いてもたってもいられなくなり、翌日、すぐに高浜町に車を走らせた。そして、現地で大槻夫妻と合流し、状況の説明を受けた。

　概要はこうだ。高浜町の難波江から高浜

小黒飯の工事現場の様子
高浜町小黒飯の工事現場の様子だ。2007年12月28日撮影。

和田の石置き場
和田海岸の埋め立て地にたくさんの岩石が運ばれた。

原子力発電所に向かう途中の県道で、小さなバイパスの工事が行われ、削られた地層から大量の化石が産出した、いや現在進行形で産出しているのだ。そういえば以前、そのあたりからアッツリアが出たことがあると、別の友達から聞いたことがあった。

　この周辺の道路はくねくねと曲がっているものだから、山を削り取り、直線状のバイパスを造るという工事だった。距離はさほど長くなく、せいぜい50m程度だ。しかし、運がいいというか、ちょうど化石のたくさん出るところを貫通したものだから、アッツリアや大きなタマガイ、テングニシなど、多種多様な化石が出てきたのである。第三紀中新世の内之浦層群と呼ばれている地層で、堆積当時はやや暖かい海だったといわれている。

　しかも、削り取られた岩石は、10kmほど離れた同町和田海岸の埋め立て地に運ば

第1章　東奔西走

れ、一時的に保管されていたのだ。

　和田海岸の埋め立て地には、どうぞ化石を採集してくれとばかりに、岩石の山が積み上がっていた。このときから104回、高浜町に化石を求めて通うことになった。

　高浜町ではちょうど難波江の三畳紀化石フィーバーが過ぎ、今度はアッツリアのフィーバーがやってきたのだった。

　県道は工事中なので、石捨て場に行っての採集となった。この日はアッツリアの半分とナカムラタマガイなどを採集することができた。翌々日の28日には、アッツリアを4個、年が明けて1月の6日、3度目の採集では2個のアッツリアとサザエの蓋を採集。さらに19日、仲間を連れて4度目の採集となった。このときは今までで一番大きく、しかも保存のよいアッツリアをゲットすることができた。これでようやく一段落となった。

　2月2日、5度目の採集でも1個のアッツリアを採集することができ、これでアッツリアは11個となった。

　真冬の時期でもあり、雪が積もれば採集はできないし、晴れていてもとても寒い。吹きさらしの海岸なので石が凍って大変だった。

　この話は次第に化石愛好家に知れ渡り、年明けから次第に人が集まるようになった。週末には遠くは東京から、あるいは和歌山から長距離バスに乗って、泊まりがけでやってくるものも現れた。そして毎週土日になると、20人から30人程度の化石愛好家が集まり、大きなハンマーを片手に採集会が催されたのである。

　そして、アッツリアが見つかると、あちこちから歓声がわき上がっていた。

　その後もしばらく岩石の供給が続き、ダンプカーが過ぎ去ると、どっとその山に群がり、化石探しが始まるのだった。もちろん僕もその中の一人で、地面の上にアッツリアがコロンと落ちていることも珍しくなかった。

　その後工事も終盤になると、岩石の供給は途切れることになったのだが、それでも

スカシカシパンが出たところ
高浜ではきれいなスカシカシパンも見つかった（写真中央）。クリーニングいらずの標本だ。

特大のアッツリア
最大となるアッツリアで、長径は15cmにもなる。

比較的保存の良いアッツリア
アッツリアは全部で175個も採れたが、保存の良いものは少ない。

大量の岩石が積み上がったままだった。

　しばらくは積み上がった岩の中から探し出すという根気のいる作業が続いた。だから、バールや2kg以上もある大きなハンマーも必要となった。がんがんとハンマーをふるうため、遠心力で血液が指の先に集まり、爪の先っぽが内出血するという始末だ。

　時が過ぎ、その岩石もさらなる埋め立てに使うためだろうか、ダンプカーで別のところに運ばれ、どんどんと少なくなっていった。と同時に、採集に来る愛好家も次第に少なくなり、とうとう通うのは僕一人になってしまった。フィーバーと呼べた時期は2009年の年末くらいまでだろうか。約2年間、高浜町和田の海岸は大いににぎわったのである。

　石が少なくなったとはいえ、完全になくなったわけではなく、赤土と一緒に少し残っていて、それを掘り出し、丹念に割れば化石は出てきたのである。こんな珍しい化石はそう採れるものではなく、たとえ採れる確率が低くなろうとも、化石の探索は続いていた。

　採集に通った回数は2007年に2回、2008年は32回、2009年は43回、2010年は9回、2011年は4回、2012年は5回、2013年は7回、そして2014年は2回となり、長く続いたアッツリアフィーバーは2014年6月の22日を最後に幕を閉じた。

　その後埋め立て地は整地され、今では太陽光の発電パネルがずらっと並んでいる。

　通った回数はじつに104回。採集したアッツリアの数は175個、最大のものは長径15cmにもなった。じつに思い出深い化石フィーバーだった。

　ここに通った人の成果をトータルすると、おそらく、1,000個は出ていると思われた。

　この場所でたくさんの仲間とふれあい、気の合うもの同士が友達になった。そして今も交流は続いている。

24 〈北海道〉奥尻島のビカリア

　2008年の5月、道北に行く前に道南でビカリアなどを採集しに行くことにした。たまには気分を変え、違うところに行くのも良い。旅行気分も満載だ。

　新日本海フェリーで小樽に着くとすぐに南に進路をとり、道南の江差に向かった。江差はなつかしいところで、昔、自転車で日本一周をしたときに江差横山ユースホステルというところに泊まったことがあった。今はもう営業をやめているが、泊まった宿は「江差横山家」という重要文化財にもなっている建物で、そんな部屋で寝た思い出があった。重要文化財のふすまに囲まれ、何とも落ち着かない一夜だったのを覚えている。江差に行くのは久しぶりだった。

　港に車を置き、奥尻島に向かうフェリーに乗った。昨夜は新日本海フェリーで奥尻島の向こう側を通ったばかりで、変な気分だった。あいにく天気が崩れ、奥尻島に到着と同時に雨が降り始めた。しまった、傘がない。

　僕はバスの運転手のお姉さんに「すみません、傘を貸してください」とお願いした。「帰りのバスで返しますので」と。交渉は成立し、助かった。運転席の後ろに、傘がいくつもあったからだ。

　一応、前もって調べておいたのだが、奥尻島の北東に当たる、宮津というところにビカリアは出るらしい。宮津の入り口あたりでバスを止めてもらい、そこで降りることにした。このバスはどこでも自由に乗り降りできるようだった。

　道路沿いにはボタン桜がきれいに咲いていて、奥尻にも遅い春がやってきていることを感じさせた。天気が良かったらもっと気分は良かったに違いない。

　宮津の集落の入り口あたりに沢があり、そこを遡っていく。ちょっと心細いが、島なのでヒグマはいない。安心して入っていくことができた。

奥尻島宮津の集落
ここまでバスで行き、谷の中に入る。

ビカリアの露頭？
ぐずぐずになっている露頭だ。このあたりからビカリアが出るようだ。

しばらく沢の中を進むと、地層が現れた。想像とは違い、ぐずぐずの地層だ。本当にこんな地層から出るのかしらと、疑いながら掘ってみたが、結局何も出なかった。

ビカリアの産地は各地でまったく様子が違う。母岩の色も硬さも大きく違う。でもここの産地はあまりにも軟らか過ぎて、これが中新世の地層かと疑いたくなるほどだった。

カガミガイの産出地点
右手の露頭からカガミガイが産出した。

雨も降っているし、あまりとどまる気がせず、この場所を諦めて、もう少し上流に行ってみることにした。

雨は降り続き、傘を差して山の中を歩くのはつらい。少しいやになってくる。しばらくすると堰堤が現れ、その付近の地層に化石が現れた。どうやらカガミガイ（ドシニア）のようだ。ビカリアとはまったく生息域が違うので、ビカリアの産出層からは外れたようだ。やはり先ほどの場所からビカリアが出ているのだなと納得した。

目標のビカリアは採れなかったが、きれいなカガミガイは採れたし、離島にも来られた。ハプニングもあったし旅行気分を十分に味わえた旅だった。

再びフェリーに乗って江差に戻り、次は北斗市の細小股沢川に行ってみることにした。ここは第四紀更新世の地層が広がり、エゾキンチャクなどの化石が出るようだ。

ずいぶんと気持ちの悪い沢だ。天気が悪いせいもあってか、わくわくとしたいつもの気分はまったくなかった。

この頃、近くの採石場で、山菜採りの人がヒグマに襲われ、命を落としているよう

カガミガイ（ドシニア）
保存の良いカガミガイが産出した。ビカリアが産出する地層よりも上位の地層だ。

だ。そんなニュースを聞いたものだから、びくびくとしながら沢を遡った。化石はたくさん見つかったが、これといって目を引くほどのものは得られなかった。もう少し時間をかけて探索すればもっと成果が得られたのかもしれないが、気分的に力が入らなかったのが率直なところだ。

目標のエゾキンチャクも破片は見られたが、完全なものは採れなかった。

細小股沢川を早々に切り上げ、最後に長

北斗市細小股沢川
小さな川だ。天気も悪く、不気味な感じがした沢だった。

紋別川の林道
長万部町の紋別川林道だ。一人で入るのは心細いところだ。

万部に行ってビカリアを探すことにした。長万部の町から少し南に行った紋別川の支流、ベタヌ川というところでもビカリアが出るとのことだった。

　紋別川の林道の入り口にはゲートがあり、ここからは歩いて遡ることにした。春先なので林道の脇にはまだ少し雪が残っていた。人っ子一人いない道南の山中、ヒグマが怖い。びくびくしながら林道を進み、少し川に降りては転石を確認する。自分のいるところがわからないので、転石の質が頼りだ。

　しかしなかなかそれらしい石は落ちていない。不気味さもあって、戦意を喪失し、ここも早々に引き返すことにした。

　GPSなどに頼らないと少し無理なようだ。それに一人では少し心許ない。残念な巡検に終わった。

　収穫はとてもきれいなグリーンタフ1個のみだ。それは水に濡れていて、真っ青な色をしたとてもきれいな石だった。グリーンタフが転がっているということは近くに

はビカリアを含む地層があるに違いないが、それらしい母岩は見つからなかった。あと一歩だったのかもしれない。

　これで3戦3敗だ。ま、こういうことも大いにあるものだ。長い化石人生の中では。

　こうして道南の新生代巡検の旅は終了し、僕はいつもの道北の旅に向かった。

25 〈北海道〉上の沢の大型アンモナイト③

　苫前町の古丹別川支流、上の沢の「パキ崖」ではその後も次から次に大型アンモナイトが産出した。2005年に初めて見つかってから2017年まで、ほぼ同じところでじつに5個も産出したのだ。一番の思い出は、2008年の春で、4個目を見つけたときだ。

　いつものように斜面を登り、崖をなめるように観察した。するとまた大きなアンモナイトが見つかったのだ。ちらっと見えていただけなのだが、そこは慣れたもの。それがアンモナイトの一部だということはすぐにわかった。

　もうこうなったら驚きはしない。平然として、どう処理するか考えた。うれしいという感情よりは、困ったという感じだろう。何しろ、掘り出すのに時間はかかるし、掘り出しても持ち出すのも大変なのは目に見えている。

　そして、必死になって掘り出したのだが、今まで見つけたものよりも明らかに分厚く、丸っぽく感じた。どうやら、アナパキディスカスのようだ。おデブさんのアンモナイトなので、重量はざっと60kgはありそうだ。これではとても持ち上がるものではなかった。母岩も少しくっついているので、リュックにも入らない。

　本当ならやりたくはないのだが、ここは仕方ない。僕は心を鬼にしてこのアンモナイトを崖下まで転がすことにした。不本意だが、それしか手はなかった。幸いこのアンモナイトはしっかりとしていたので、多

大型アンモナイトを掘り出した跡
この穴はアナパキディスカスを掘り出した跡だ。

アナパキディスカス（右）とユーパキディスカス（左）
アナパキディスカスの長径は40cmもある。

少の傷はつくものの、壊れそうにはなかった。

　約50m、おデブさんのアンモナイトは斜面を飛び跳ねながら谷底まであっという間に転がり落ちていった。幸い、予測通り大きなダメージはなく、沢の中に転がっていた。

　少しでも軽くするため、タガネを使ってはつれるところははつり、減量をはかった。そして、何とか担げる重さにしたのだが、この大きさだと今持ってきているリュック

古丹別川本流の大型アンモナイト
古丹別川本流の露頭で見つけたもの。大きいので、何個かに分けて運び出した。

稚内市東浦の大型アンモナイト
海岸に転がっていたもの。比較的保存が良い。

には入りそうにない。そこで、車に積んである背負子タイプのリュックを取りに行くことにした。

このときは林道の入り口に車を止めていたので、往復1時間かけ、大きなリュックを持ってきた。何とかこのリュックに詰め込み、後は車まで運ぶだけだ。

苦労してリュックに押し込んだのだが、立ち上がれない。そのままではどうしても立ち上がることができず、ツルハシの柄を地面に突き刺して何とか立ち上がった。そして一歩一歩慎重に沢を下り始めた。ところが、行く手には大きな木が倒れており、ここを乗り越えなくてはならない。こけたら大変、きっと立ち上がれないだろう。

必死になり、何とか倒木を乗り越え、次は笹藪の斜面を超えなければならなかった。笹の上は滑るのでここも慎重に歩かなければならない。そして、やっとの思いで林道に出たのだった。

一度下ろすと担ぐのが大変なので、立ったまま休憩だ。一息入れ、1.7kmの林道を歩き始めた。肩が絞まり、手の感覚がなくなっていく。おまけに雨が降りだし、雷も鳴り始めた。そして、歩き始めて1時間、ようやく車まで戻ってきた。

この大型アンモナイトの採集は、生涯で一番つらいものだった。50kgを超える石を2kmも運ぶのだ。よほどの気合を入れないと難しい。

この上の沢をはじめ、古丹別川流域は大型アンモナイトがとても多いところだ。今までで15個もの大型アンモナイトを採集している。次いで多いのは、羽幌町羽幌川流域の6個、稚内市東浦海岸の4個などとなっている。多い年には2週間の巡検で4個も採れて、持ち帰るのに往生したことがあった。まったくうれしい悲鳴だ。

第2章
仲間を増やして

髙浜町のアッツリア産地で知り合った多くの化石仲間たち。
なかなか一緒に行動することはないが、
おかげでいろいろな情報を得ることができた。
僕にとって採集活動に大きな励みをもたらした。

26 〈北海道〉上羽幌を歩いて一周する

　福井県高浜町の和田で知り合った葛木さんと守山さんの3人で、一度一緒に羽幌に行こうということになった。
　葛木さんは高浜町でアッツリアを一緒に探していて意気投合し、親しくなった化石愛好家だ。少々強面で、かなりメタボだが、見かけによらず思いやりのあるとてもいい感じの人だ。僕が気に入るのは当然だった。
　一緒にアッツリアを探すうち、お互いに北海道にも行っているという話になった。だとすれば話が弾むのは当然の成り行きだ。僕はこの年も、5月には北海道を訪れる予定だと話した。それで北海道で合流し、一緒に巡検しようということになったのだ。
　2009年5月の中旬、僕は一足先に北海道入りした。彼らを待つ間に、自転車で逆川に行き、きれいなテキサナイテスをゲットしていた。2、3日遅れて2人は羽幌の民宿・吉里吉里に到着し、合流した。
　僕はさっそく逆川で採集したテキサナイテスを披露した。守山さんも羽幌には何回

デト二股川
化石も多いが、熊も多いところだ。

二股ダム
2003年秋の様子。秋にはダムの水が抜かれるようだ。

も来たことがあるらしく、地理的なことはよく知っているようだった。
　僕の提案で、翌日はデト二股川に行き、ピッシリ沢にも足を伸ばし、さらに峠を越えて中二股川に出て帰ってくる。つまり、二股ダムを歩いて一周しながら化石を採集するという計画を示した。車で入れないので仕方がない。予定の距離は約25km、2人には少々きついかもしれないが、時間的な計算をすれば余裕の計画だ。少なくとも僕にとっては。
　そんなこんなでいよいよ上羽幌を出発した。当時、道道は上羽幌の集落の外れで通行止めとなっていて、かなり不便な状況だった。
　しばらく羽幌川とデト二股川沿いの道を

ピッシリ沢のノジュール
ピッシリ沢にもノジュールがたくさん見られる。

歩き、順調なペースで、二股ダムの入り口に到着した。ここまで約1時間だ。ここから小さな峠を越えると二股ダムの湖畔に出る。最初の目的地はもうすぐだ。

道は舗装してあるのだが、舗装面にいくつかひっかいたような傷が目にとまった。ヒグマを極端に怖がる守山さんは、ヒグマが爪でひっかいたものに違いないと僕たちをびびらせた。僕もなんだかわからないし、そうにも見えたので少し怖かった。後々考えたのだが、あの傷は、ショベルカーにはめたチェーンの傷跡のようだ。爪ぐらいではアスファルトに傷はつかないだろう。怖がるとそう見えるのが悲しい。

峠を下り、二股ダムを右手に見ながら舗装路を進む。デト二股川に架かる橋を渡るともう化石産地だ。ここはテキサナイテスなどの化石がたくさん出る。ただ、ここの欠点は、硫黄分がとても多く、石がすぐに黒くさびることだ。母岩付きの標本が好きな僕だが、さすがに真っ黒な標本は嫌だ。

デト二股川の河原に降り、川を遡った。ノジュールはそこそこあり、まずまずの収穫になった。

さらにピッシリ沢にも行ってみることにした。デト二股川沿いの林道をピッシリ山の登山口方向に進む。ピッシリ橋が架かるところからピッシリ沢に降りた。ここは僕のお気に入りの場所で、サメの歯やテキサナイテス、獣骨を多く採集したところだ。お気に入りの崖を案内したり、再びデト二股川を歩いたりして収穫は膨らんだ。

先ほどの分岐まで戻り、ここから峠を越えて中二股川に出る。短い峠なのでそんなに苦労はない。あっという間に中二股川に出て、そこから少し遡ると、広い河原に出てきた。ここもお気に入りの場所で、羽幌の3点セット（ハウエリセラス、テキサナイテス、メナイテス）の採れるところだ。

さっそく守山さんがメナイテスを発見した。僕は小さなハウエリセラスやテキサナイテス、サブプチコセラスといった化石をゲットした。

すべてのポイントを見て、さあ、あとは帰るだけだ。

ここからトンネルを7つ越えて上羽幌に

ピッシリ山の登山口
ここを右に曲がるとピッシリ山の方に向かう。

第2章　仲間を増やして

向かう。この7つのトンネル、これは、羽幌と名寄を結ぶ名羽線の跡である。といっても計画倒れになった国鉄の路線で、町境まで工事が進んだものの、結局開通を待たずに中止になった幻の線路跡なのだ。そんな悲しい歴史の線路跡を歩いて帰るというわけだ。

　トンネルの中は真っ暗で、長いものは1kmほどあって少し不気味だ。もし中にヒグマでもいたらと考えるだけでも身が震えるというもの。くわばらくわばらだ。

　トンネルを抜けたら、ちょっと一休み。あと2.5kmほど、時間にして30分ほどだ。もう足はがたがた、まめができて足の裏は痛いし結構つらい巡検だ。そしてやっとの思いで上羽幌のゲートまで帰ってきた。25km、本当によく歩いたものだ。空荷だったらまだましだが、石という重いお土産が増えているのだ。

　2人にとっては二度と来るものかと思ったに違いない。でも思い出に残る巡検になったことは間違いないだろう。

しばし休憩
二股ダムを一周すると約25kmほどあり、一日がかりとなる。体力勝負だ。

27 〈北海道〉逆川を自転車で一周する

　2009年10月4日、葛木さん、守山さんと相談し、今度は自転車で羽幌町の逆川に行こうということになった。今度は川辺さんも一緒で、4人での巡検だ。

　10月も上旬になり、羽幌の山にも紅葉がやってきた。山々は少し黄色に色づき、明るくなった感じがする。そんななか、羽幌林道をみんな必死になって進んだ。こぐ、こぐ、必死にこぐ。

　メタボの人は大変だ。そんなに上り下りはないものの、カーブにさしかかると少し傾斜があり、急に足が重くなる。しかし、みんなで競い合うので何とか力が入るようだ。2時間弱でようやく逆川の入り口に到着した。あと少しだ。

　そしてついにやってきた。逆川の大露頭だ。逆川には大きな露頭が3つあり、それぞれの崖で化石が産出する。最もいいのは第一大露頭で、一番上流側に位置する露頭だ。必死になって化石探しが始まる。とはいっても、崖下にノジュールが転がっているので拾うだけだが。

　ここから逆川を遡るわけだが、林道は荒れ放題だ。何年か前に決壊したところもそのまま放置されていて、そこを自転車で越えるのは一苦労だった。

　一人一人が等間隔に並び、自転車を送り渡していく。そうして何とか決壊した小沢を越える。こんなことを3回ばかり行い、ようやく次の巡検地点、岳見沢に到着した。

　橋はないが、水量も少ないので逆川は簡単に渡れた。まだ10月上旬なので木の葉は落ちておらず、少し薄暗い。狭い岳見沢を遡っていくが、大きな露頭がない。川岸にわずかにあった露頭で、メナイテスが見つかったが、時間的な制限もあり、300mほど行って引き返した。もう少し崖があったりで見るところがあるものと期待していたが、周りは笹藪で、もっともっと奥に行かなければならないようだ。ま、こんなところに来られただけでも良しとしよう。

　岳見沢をあとにし、中二股川に向かって峠を登る。きつい上りが続くので、ずっと歩きだ。

　そして何とか峠を越えることができた。あとはずっと下りで、下り着いたところが白地畝だ。国鉄の線路跡を横切り、やっとの思いで中二股川に出ることができた。

逆川第一大露頭
ここからは羽幌の3点セット（ハウエリセラス、メナイテス、テキサナイテス）が産出する。また、サメの歯も多い。

峠からピッシリを望む
逆川から峠を越えて中二股川に降りる。ちょうどこのあたりを名羽線の線路が通る予定だった。

ここからは中二股川沿いの林道（国鉄の線路跡）を上羽幌に向かって帰るだけだ。

今回の巡検、そんなに大きな収穫はなかったものの、僕の長い化石人生の中でも非常に思い出深いものになった。

いつも一人で必死になって山に入るのだが、この巡検は楽しくてたまらなかった。みんなが協力して決壊した場所を乗り越え、大変良いチームワークだった。

収穫は二の次、化石採集はとにかく楽しくなくては長続きしない。

羽幌の林道を進む
羽幌川沿いの林道を上流に向かって走る。みんな必死だ。

28 〈兵庫県〉淡路島の化石② モササウルス

　化石仲間の川辺さんが、兵庫県淡路島でモササウルスの歯を採集した。採った場所は淡路島の南海岸、地野というところだ。

　地野の海岸はカニのノジュールが採れるところとして有名な場所だ。また、近くの仁頃から灘あたりにかけては、化石がたくさん採れるところとして有名で、僕も何度か訪れたことはあるが、大きな成果を得るのはなかなか難しかった。アンモナイトをはじめ、リヌパルスやヒトデなども産出している場所だ。

　地野の産地は急な崖になっていて、この中から直径数cm程度のノジュールが出てくる。その中にカニの化石が入っているというのだ。足も残っていて、保存はなかなか良い。ただ、硬くてクリーニングするのが大変だ。

　北海道遠別町の清川林道でも同じようにカニの化石が出てくる。メタプラセンチセラスと一緒の場所から出てくるのだが、ノジュールの大きさも数cmと変わらない。だが、こちらはノジュールが軟らかく、分離も良いのでクリーニングは楽だ。ただ、爪の化石ばかりで、本体は採っていない。まったくもって世の中、うまくはいかないものだ。

　川辺さんはこのカニのノジュールを探していて、モササウルスの歯を見つけたそうだ。なんと運の良いことだろう。

　僕も探してみたが、カニのノジュールさえなかなか出なかった。ビギナーズラックという言葉があるがこのことかもしれない。

淡路島の南海岸
地野付近から海岸を見下ろす。

地野の産地
この露頭からモササウルスの歯が見つかった。

カニの化石
この崖からはカニのノジュールが産出する。

モサザウルスの歯
縞模様がかっこいい。鋸歯が見え、肉食獣であることが想像できる。

　川辺さんのモサザウルスの歯は、高さが4.6cmもあり、保存もきわめて良い。縞模様が何ともいえない。

　これをぜひ『750選』に載せようということで、標本をお借りした。歯の下方に母岩がくっついていて、歯冠がかなり隠れていた。川辺さんは慎重な方なので、壊れることを恐れ、これ以上はクリーニングしていなかった。

　僕は、これならもう少し歯を出せるのではと思い、タガネとバイブレーターを使ってクリーニングに取りかかった。もちろん本人には了解を得ての話だが。

　じつは、この化石を貸してほしいという博物館があり、一度貸したそうだ。そのとき、同じようにもう少しクリーニングさせてほしいという申し入れがあった。ちょうどそのことを横で聞いていたので、知っていた。でも標本が返ってくると、大して前の状態と変わっていなかったように思った。

　僕は結構大胆な方なので、よほど自信がない限りかなりやる方だ。うん。

　みんな、怖くてやれないと言うが、もし壊れたなら、接着したらおしまいという考えだ。失敗を恐れず、挑戦することには意義があるものだ。慎重にやればいいだけだ。

　もちろん、粉々に壊れてどうにも修復ができないということもある。特に歯はそうだ。

　歯は樹脂みたいなものなので、本当に粉々になることもある。サメの歯やイルカの歯、魚の歯など、いくつも壊したものだ。でも、だいたいやれそうか、壊れそうかは見ただけで判断がつく。

　この歯は比較的大きなものなので意外とやりやすかった。そして、モサザウルスの歯は見事にきれいになったのだった。

　鋸歯も残っていて、肉食獣だということがよくわかる。僕もこんなものを採ってみたいものである。

29 〈富山県・福井県〉北陸地方のビカリア

　一時、日本全国のビカリア産地を回り、すべての産地のビカリアを採集してやろうと意気込んだことがあった。結果的には思うようにいかず、挫折したというのが本当のところだ。北は北海道の奥尻島や長万部、西は岡山県の新見市まで、思い当たる産地は一応回ってみた。だが、期待したほどの成果は得られず、以後は近場のビカリア産地で頑張ることになった。

　初めての場所でいいものを得るというのはなかなか難しい。それはビカリアに限らず、どんな種類の化石でもいえることだ。

　現在、何とかビカリアが採れるところといえば、富山県富山市の八尾町周辺、福井県福井市鮎川周辺、同じく福井県の高浜町、滋賀県の甲賀市付近、岡山県の津山市、奈義町くらいしか思い当たらない。以上挙げた場所なら、頑張れば最低限の収穫はありそうだ。

　僕の地元である甲賀市土山町鮎河では、きれいなビカリアが今でも採集できるが、

防御姿勢のシャコ
節足動物は構造上、どうしても丸まって産出することが多い。それは三葉虫でもしかりだ。

甲賀市土山町鮎河のビカリア産地
野洲川のビカリア産地だ。シャコの産地でもある。

岩盤にタガネを入れ、一日中がんがんとやらねば難しい。特定の地層からしか産出しないので、1mもずれればまったく出てこない。ただ、鮎河の場合はシャコの化石が期待できるので、やりがいはある。どちらかというと、シャコの化石の方がおもしろいので、シャコねらいで行くことが多い。

　ここのビカリアは分離の悪さでは世界一といってもいいくらいである。そのため、クリーニングはバイブレーターを使い、泥岩をはじき飛ばして行うしかない。ぺしゃんこにつぶれているのが普通だし、時間がかかる。本当に苦労の多い産地だ。

　でも分離は悪いけれど、内部はきれいな方解石のお下がりになっているのがほとんどで、殻を剥がして磨いてみるというのも一つの手かもしれない。さらに、掘る場所によっては、クリーニングいらずの、きわめて分離の良いビカリアも出たことがある

保存の良いビカリア（左）
保存の良い唯一の標本だ。洗っただけで特にクリーニングはしていない。
きれいなお下がり（右）
きれいにお下がりになったビカリア。

のだ。それは、石が粘土のように軟らかく、ブラシで洗ってやるだけで美しくなる。しかもまったくつぶれていないし、棘も飛ばない。まるで「更新世のビカリア」といった感じだ。でもこんなことはまずなく、たった2個が出たに過ぎない。

　富山県富山市八尾町の柚ノ木や、大沢野町の土川では、比較的簡単に産出する。柚ノ木の産地は、薄暗い川の河床や川岸だ。少し狭いが、丹念に探すと見つかるものだ。一度しか行っていないので、あまりいいものは得られなかったが、何度も行けば、そのうちまともな標本が得られるかもしれない。

　土の場合は、トンネル状になった川岸やその上流の河床から産出する。河床を丹念に探したり、トンネルの側壁にタガネを入れたりすれば比較的簡単に見つかるだろう。ただ、ここの産地のものはすかすかになっているものが多く、良いものを得にくい。全国のビカリアの中では一番すかすかになっている印象を受ける。

　石川県輪島市の徳成でもビカリアが産出しているが、山の上の狭いところなので、今では採集は難しい。

　同じく加賀市でもビカリアが出たことがあると聞くが、造成工事の際に一時的に出たもので、今では産出しないらしい。

　福井県では、福井市の鮎川海岸や近くの三本木というところで産出する。鮎川海岸では海岸の浅瀬で産出した。ただ、ここのビカリアも非常に分離が悪い。火砕流だろうか、熱い火山灰が降り積もったため、貝殻に火山灰が焼き付いているようだ。

　2002年頃の護岸工事のときには重機によって岩盤が掘られたため、何十本というビカリアを採集したが、保存の悪いものが多く、期待はずれだった。まるで大谷石の中にビカリアが入っているという感じだった。

　その後、工事は終わり、海底での採集は

富山市柚ノ木のビカリア産地
左岸の河床や河岸で見つかる。

できなくなった。海底の岩礁はなかなか露出しないからだ。その代わり、海岸の転石の中に入っていることもあり、春先、季候が良くなれば探してみるのもいいかもしれない。

　鮎川から少し内陸に入った三本木には、採石場跡があり、ビカリアが産出する。ただかなり上の方まで上らなくてはならず、しかも垂直に近い露頭からの産出なので、見つけるのも採集も難しい。さらにやっかいなのは、ここのビカリアも分離が悪く、クリーニングが一苦労だということだ。

　上からザイルをぶら下げ、クライミングで探してみようと思ったこともあるが、命をかけるような場所ではないと気づき、実行には移していない。

　鮎川にしても三本木にしても、福井県産のビカリアの内部は白ないし透明の方解石になっていて、結晶化している。しかも分離の悪いものが多く、クリーニングは苦労が多いだろう。

　福井県高浜町から京都府舞鶴市にかけてもビカリアの産地が点在している。舞鶴のゴルフ場の工事の際にはすばらしいビカリアが出たそうだ。赤く色づき、密集して産出した様子はすばらしいもののようだ。そのときに立ち会うことができなかったのは非常に残念だ。

　高浜町の山中海岸では今でも産出するが、ここもタガネを入れて頑張らなくてはならない。ま、化石を採集するというのはそんなもので、簡単に採れるものではないのだ。

柚ノ木のビカリア（左）
風化していてあまり良いものは採れなかった。
土のビカリア（右）
土で採れるビカリアは、中がすかすかになっている。

富山市土川のビカリア産地
土川の河床や側壁で採集する。

高浜町山中海岸のビカリア産地
狭い範囲にビカリアが産出する。

第 2 章　仲間を増やして

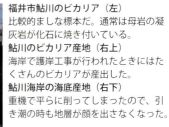

福井市鮎川のビカリア（左）
比較的ましな標本だ。通常は母岩の凝灰岩が化石に焼き付いている。
鮎川のビカリア産地（右上）
海岸で護岸工事が行われたときにはたくさんのビカリアが産出した。
鮎川海岸の海底産地（右下）
重機で平らに削ってしまったので、引き潮の時も地層が顔を出さなくなった。

福井市三本木のビカリア（左）
なかなか完全なものを見つけるのは難しい。
三本木のビカリア産地（右上）
山の上の方にある産地だ。こんなところに海の化石が出るのは不思議なことだ。
三本木の産状（右下）
地層を眺めていると、時折ビカリアの断面が見つかる。

30 〈石川県〉関野鼻のムカシチサラガイ

　2007年10月15日、能登巡検で唯一成果があったのは、志賀町の関野鼻だった。地震の後だから気になって様子をうかがいに来たのだ。

　春の大地震でお土産物屋はがたがたになり、営業をやめていた。海岸の崖もいくつかの場所で崩れていた。

　お目当ての露頭ではムカシチサラガイがたくさん露出していて、いいものが4枚も採れた。サメの歯もイスルスが1個採れた。どうやら地震で誰も来ていないらしく、まだまだ有望であると感じた。

　翌年の春また来たのだが、収穫はなかった。その代わり、ムカシチサラガイの化石が崖の上に張り付いているのを見つけた。しかし、場所が場所だけに採れるものではないと諦めた。とはいえ、放っておけば風化が進んで、いずれは粉々になってしまうのは容易に想像できる。何とももったいない話だ。

　2009年の秋に葛木夫妻と巡検した折、ムカシチサラガイはまだそのままになっていた。それを見て、何とか採れないものかと考えだした。最初は虎ロープにぶら下がって採れないかとも思ったが、少し危険なので考え直した。

　そんなに簡単にはいかないだろう。ロープが切れたり、ロープから手が滑って落ちたりしたら死んでしまう。やるならもっと慎重にしなければならない。

　帰ってからいろいろと考えが浮かんだ。ザイルや下降器、登高器を使えば何とかなるのではないかと考え、採集することを決意した。

　まずは通販でザイルやカラビナ、スリング、ハーネス、下降器（エイト環）、登高器など、約4万円をかけて必要な装備をすべて揃えた。ザイルの結び方が書いてある本も購入し、一通り勉強した。道具を手に、綿密なシミュレーションも行った。これで完璧だ。後は実行のみだ。

　2010年7月24日、満を持して採集に臨んだ。遊歩道にある手すりの根っこにザイルを結びつけ、下に垂らす。長さは30m、ぎりぎりの長さだ。

　ハーネスを身につけ、エイト環にザイルを通し、ゆっくりと下降していった。傾斜は70度くらいだろうか。そんなに急というほどではないが、道具を使わないとやは

関野鼻の露頭の様子
志賀町関野鼻の海岸だ。この崖からムカシチサラガイが産出する。

第2章　仲間を増やして

急斜面で採集する（左）
装備を万全にし、ぶら下がって化石を採集する。
ムカシチサラガイの産状（右）
中央に化石が見える。

ザイル、登高器、下降器（エイト環）（左）
これらを組み合わせて使う。
ムカシチサラガイ（右）
両殻の完品だった。

り無理な場所だ。おまけに、斜面の下はすぐに絶壁となっていて、オーバーハングにもなっている。

　下降したら化石のあるところでストップしなければならない。しかも両手が空かないと採集はできない。そのために登高器にザイルを通し、ストッパーでザイルを締める。これで両手を離しても下にはずり落ちない。逆に上には行ける。うまくできているものだ。

　まずは右手の斜面の、傾斜の緩いところに下りてゆく。そこから化石のある左手に向かってゆっくりと近づいていった。化石はちょうど岩盤の左端にあるし、足下はオーバーハングになっているので慎重に近づく。そして、ムカシチサラガイを目前にし、保存の良いことを確認することができた。

　登高器のストッパーにザイルをかまし、体を固定する。さ、採集の始まりだ。

　先のとがったハンマーとタガネを使い、化石の周りを掘り進んだ。せっかくここまでやってきたのだ、慎重に採集しなければ。

　その結果、1時間もかからずに採集は成功した。殻高8.5cm、かなり大きな両殻の完品だった。

　これでこの化石は救われたし、僕も満足感でいっぱいだった。

31 〈富山県〉高岡のホオジロザメ

　富山県氷見市から高岡市の西部、さらに、小矢部市にかけて広がる小高い山々には、第三紀鮮新世から第四紀更新世にかけて堆積した地層が分布していて、たくさんの化石が産出している。地層を構成するのはほとんどが砂で、多くの砂取り場がある。

　産出している化石を見てみると、ホタテ類が多く、寒冷な海水域だったことがうかがわれる。ホタテガイにエゾキンチャクなど、今のオホーツク海で見られるような貝類が目立つ。少し下部の地層からは、オウナガイやイトカケガイ、ツキガイモドキなど、少し深い海に生息する貝類も産出する。これは、北海道当別町の青山中央や、福島県いわき市の藤原川で見られる化石相とまったく一緒だ。

　寒流の地層ということでサメの歯などの化石は目立たないのだが、一応、資料によると、ちゃんとサメの歯が出ると書いてあった。でも、写真ではちっちゃなメジロザメくらいしか載っていなかった。

　ところが、2010年7月にみんなで巡検に出かけたところ、葛木夫人が完全なホオジロザメを見つけたのだ。本人曰く、砂の上に落ちていたという。歯根もちゃんと残っていて、とてもきれいなホオジロザメの歯だった。少し悔しかったけれど、これで俄然、僕の闘志に灯がついたのである。

　それから何度も訪れたのだが、次から次にホオジロザメの歯が見つかり、2017年

無数のホタテ貝の化石
壁一面にホタテ貝やエゾキンチャクの化石が見えている。

高岡市五十辺の砂取り場
この付近には砂取り場が多い。化石はホタテの仲間が多い。

大きなホオジロザメの歯が見つかった
残念ながら歯根は残っていなかった。

大きなイガイの化石（上）
地面を這いつくばって探していると、大きなイガイが見つかった。
壊れないように大きく取り出す（下）
イガイの化石は特に壊れやすく、大きく、慎重に取り出さなければならない。

ホタテ貝の化石
こちらも壊れやすいので壊さないように大きく採集する。

までに8本が見つかった。こうなると少ないとは言いにくい。多いとも言えないが、ときどき見られるという感じだ。

　僕は寒流系の地層からホオジロザメの歯がこんなに出ることがとても不思議でならなかった。一番大きなものは、歯冠だけでも軽く5cmを超え、全体を推定すると6.5cmほどにもなる。これは高知県安田町の唐浜で採集したものとほぼ同じサイズだ。唐浜は暖流系（黒潮系）だから何も不思議ではない。同じ暖流系の静岡県掛川地方もたくさんサメの歯が出てくる。やはり暖かい海にサメが多いのは事実のようだが、寒流でも少なからずサメも泳いでいるようだ。

　一頃、日本海でシュモクザメの群れが見つかったり、瀬戸内海でホオジロザメが見つかったりして、紙面をにぎわすことがあった。意外とサメは日本海が好きなようだ。

　高岡市にはいくつも砂取り場があるが、サメの歯が採集できたのは1ヶ所のみで、他の砂取り場では見ることはなかった。しかも僕の採集したものは、歯根がほとんどない。これは大きなマイナスポイントだ。完全体をいつも目指す僕にとって、少々残念でならない。

　いつかは6cm程度の、歯根の残った完全体のホオジロザメを採集したいものである。きっとその日は来ると信じてやまない今日この頃である。

　高岡地方の砂取り場では、ホタテガイやエゾキンチャクなどの二枚貝がたくさん採集できる。特に僕の好きなエゾキンチャク

大きなイトカケガイ（左）
とても大きなイトカケガイで、7.8cm もある。
ホオジロザメ（中央上）
少し小さいがきれいに光っている。
歯根が少し残ったホオジロザメ（中央下）
歯根が少し残った標本だ。高さは 5.7cm ある。
摩耗したホオジロザメ（右）
こちらは少し摩耗したもの。

　が砂の中から見えると、僕はどきっとするのだ。

　そのほか、ウニの化石もおもしろい。めったに産出しないが、この場所からはとてつもなく大きなものが出ている。

　さらには、とても大きなイガイだ。最大で 15cm を超えるものも現れた。大きなものといえば、イトカケガイもそうだ。こちらは 8cm ほどもある。

　寒流が流れるところ、冷たい海では生き物が巨大化することがあるらしい。これらの化石もそのうちの一つなのかもしれない。

第 2 章　仲間を増やして　　95

32 〈石川県〉七尾のノトキンチャク

　石川県能登半島の中部、七尾市西部にはイタヤガイ類のたくさん採れるところがある。第三紀中新世の地層で、かつてはサメの歯なども近くでたくさん採れたらしい。開発が進み、次第に採れなくなって、今ではここくらいしか採れないようだ。

　七尾市の白馬というところで、山を削った跡だ。すぐ近くには工場が建っているが、ほぼ砂の斜面になっていて、そこからたくさんの化石が産出するのだ。まとめて岩屋動物化石群と呼ばれている。

　主なものは、ナナオニシキ、モニワカガミホタテ、イワヤニシキ、ナトリホソスジホタテなどのイタヤガイ類で、これらが大半を占める。他にはサメの歯や腕足類、イトカケガイ、溶けてはいるがセンスガイもわずかに産出している。

　種類はそう多くはなさそうだが、とにかくたくさん出るので採集は楽しい。一日頑張ればほとんどの種類が採れるだろうし、珍しいものも採れるかもしれない。

　近くに、模式地になっている「岩屋」というところがあり、石川県の天然記念物に指定されていている。金網で覆われていて直接は見られないが、その前に看板が立っていて、解説がなされている。

　なんと、バス停まで「岩屋化石層前」となっているのには驚いた。

　代表種であるナナオニシキは、学名をナナオクラミス・ノトエンシス（*Nanaochlamys notoensis*）と名付けられ、七尾の

白馬の化石産地
ここではホタテの仲間がたくさん産出する。

岩屋化石層の模式地
フェンスの向こうに模式地があり、見ることはできない。見られない模式地って、いったい……。

模式地にある立て看板
模式地の説明とノトキンチャクの説明書きがしてある。

ナナオニシキ（左）
別名ノトキンチャク。高さは9.2cmある。
モニワカガミホタテ（右）
高さは11cm。

ナトリホソスジホタテ（左）
高さは5.6cm。
イワヤニシキ（右）
高さは4.8cm。

　名前がついている。別名をノトキンチャクといって、エゾキンチャクの祖先にあたるらしい。

　地層は大粒の砂岩からなっていて、やや石灰質である。よって、石灰質砂岩層と呼んでいる。

　輪島市の輪島崎や志賀町の関野鼻も同時代で、同じく石灰質砂岩層になっている。

　貝類はたいてい片側の状態で産出するのだが、その周辺で採集した貝殻を並べてみると、率は低いが、左右の殻がうまく合致するものがある。同じ個体であって、死後に離れて堆積したということだ。意外と気づかれないようだが、たくさん採集するとそういうことがわかってくる。

　地学の案内書などでは、化石は「欲張って採らないこと」とよく書かれたりするが、それは産地をあまり荒らすなという意味が込められているのだと思う。たくさん採集することにも意味があるのだ。

　合弁に近いものがあるということは、そう遠くから流されてきて堆積したものではないということがいえそうだ。というより、ほぼこの場所に生息していたと考える方がまともだろう。よって白馬の化石は、異地性の化石ではなく、現地性の化石といえそうだ。

　サメの歯も時折見つかるが、なかなか掘って見つかるものではない。というのも、掘りたての土砂は泥が混じっていて、化石にこびりついて汚いのだ。たとえサメの歯が入っていても、汚れていて気がつきにくい。雨上がりに地面をなめるようにして探すのがベストのようだ。

33 〈兵庫県〉淡路島の化石③　プラビトセラス

　淡路島の白亜紀層からプラビトセラスという変わった形のアンモナイトが出る。本州産のアンモナイトとしてはとても有名な種類で、くねくねと曲がった異常巻きアンモナイトだ。少しト音記号に似ているかもしれない。

　淡路島西部の海岸、南あわじ市の湊というところが有名な産地で、僕も行ってみたことがある。

　ちょうど運良く工事が行われていて、いくつかのプラビトセラスが確認できたのだが、どれもこれもぐずぐずといった状態で、とても採集できるような状態ではなかった。大きさは20cmほどあったろうか。気室部は空洞もしくはぐずぐずで、印象のみといった状態だった。これではいくらなんでも、採集は無理だ。

　大きな塊で採集して、石膏で型をとると

湊の海岸
この海岸でプラビトセラスが産出する。ただし保存は良くない。

かしないと標本にはなりそうにない。だいたい淡路島のプラビトセラスはこのようなものばかりらしい。

　プラビトセラスはそのほかの産地として、湊から南西に数kmほど行った津井川沿いの仲野というところでも出るようだ。

　津井川沿いを進むと北側にはげ上がった山々が見える。この山からプラビトセラスが採れるのだが、とにかくここも保存が悪い。何度か行ってみたが、保存の良いものはまったく見つからなかった。もっと探せばいいものが見つかるかもと行くのだが、成果は良くなかった。山の斜面には地層に埋もれているものがいくつも確認できるのだが、ほそほそに風化しており、採る気も起こらない。

　はげ山なので、人の行かないようなところや行けないようなところを探せばいいものが見つかるかもしれないと考え、能登の関野鼻でやったようにザイルを使って、斜

津井川沿いの山々
山中でも産出するが、風化が激しくなかなかいいものは採れない。

面を探すことにした。

　山の上まではとても歩きやすく、簡単に到達できた。尾根まで上がり、松の木の根っこにザイルをくくりつけ、さらに足にはアイゼンを履いて下りていく。

　山の斜面は頁岩が風化してぼろぼろだ。滑りやすく、普通では歩けない場所だ。ザイルに身を任せて下り始めた。斜面にはいくつもプラビトセラスが飛び出ていたが、とにかく風化が激しく、採ることはできない。みんなバラバラだ。ノジュールになっているものもいくつかあったが、本体は空洞になっていて、本当にひどいものばかりだった。おまけに、ノジュールは非常に硬いし、本体は空洞なのでまともにクリーニングができない。北海道のノジュールとは大違いだ。

　考えは良かったが、どうしようもない状態だった。ブルドーザーで山を削り、新鮮なものを採るとかしないと、完全なものはとても難しいようだった。

保存がいいとはいえない標本
プラビトセラス。せいぜいこんな標本だ。

ザイルを使って斜面を探す
誰も近づけないようなところを探してみたが、空振りに終わった。

斜面の下の方で探す
広範囲に産出するので、何回も通えばいいものが見つかるかもしれない。

34 〈岐阜県〉根尾の化石① 初めての根尾

　岐阜県本巣市の根尾に初めて行ったのは2011年の4月9日のことだった。考えてみればずいぶんと遅いデビューだ。

　というのも、それまでは三重県の柳谷や福井県の難波江、小黒飯など行くところがいくつもあり、採集活動には不自由はしていなかったのだ。しかも根尾は少し遠いという先入観もあってか、あまり行く気にはなれなかった。さらにいうと、産地の情報もまったくなく、根尾のどこへ行き、どういう場所でどういう石を探したらいいのか、まったく知らなかったからである。

　あるとき、化石仲間の伊藤さんに根尾で採集したというオウムガイの化石を見せてもらった。その化石はクリーニングされておらず、どうにかオウムガイだとわかる代物だった。僕は何とかクリーニングできないものかと思い、その標本を預かることにした。クリーニングがうまくいけば、もう少し見栄えのするものになるだろうと思ったからである。

　一般的に石灰岩は他の石に比べても比較的柔らかい。しかしながら、不純物の種類によってはすごく堅いものがある。顕微鏡レベルでは方解石の小さな結晶からできていて、珪酸が含まれていたり、緻密なものはタガネでは歯が立たない。それでも分離するかもしれないと淡い期待を抱きながらタガネを入れてみた。

　するとどうだろう、意外にも分離しやすく、見事にヘソが出たのだった。完全ではないにしても、ペルム紀のオウムガイだ。僕は初めて目の当たりにしてとても興奮した。

　ペルム紀といえば、僕の頭の中では金生山、そして権現谷が代表産地だ。東北地方も有名だが、少し様子が違う。化石は非石灰岩からの産出が多く、石灰岩からはミケリニアなどのサンゴ化石やウミユリ、フズリナが主流だ。ようは堆積環境に大きな違

初鹿谷の化石産地
この沢周辺からオウムガイやベレロフォンが産出する。

初めてのオウムガイ
初めて採集したオウムガイのファコセラスだ。

ドマトセラス（左）
ファコセラスとよく似ているが、縁が台形になっている。
ファコセラス（右）
ファコセラスの縁はとがっていて、ドマトセラスと区別がつく。両者は♂と♀の関係なのかもしれない。

ウグイスガイの仲間（左）
この化石は密集して産出することが多い。
分離したベレロフォン（右）
ベレロフォンはたくさん産出するが、きれいに分離するものはほとんどない。

いがあるようだ。

　金生山から少し北に行った根尾では、金生山と似たような化石が出るようだ。根尾ではなんといってもシカマイア、ベレロフォン、そしてオウムガイが有名だった。

　この頃、根尾の初鹿谷では、砂防ダムの工事が行われていて、ベレロフォンなどが多産していたそうだ。工事も一段落がつき、化石が採れるということで、化石仲間に誘われ、一度みんなで行ってみようということになった。

　舟伏山に向かって、初鹿谷から伸びる沢に真新しい堰堤ができていた。その堰堤をいくつか越え、河床の転石を眺めながら上っていく。ベレロフォンや腕足類、シカマイアなどといった化石は少なからず採集できた。しかしオウムガイはなかなか見当たらない。

　何度か通ったある日、仲間の1人が堰堤の上の方でしきりに首をかしげながらこんこんとやっていた。僕は伊藤さんと堰堤に座り込み、しばらくその光景を眺めていた。

　どうやらオウムガイが出たようだった。大きな石を割り、中からオウムガイらしきものが出たのだが、バラバラになってしまい、ここがこことつながり、こうなって……と、パズルのようだった。どれどれ、ここで僕の出番のようだ。自分自身は採ったことがないのだが、所詮なんたって生き物だ。オウムガイというものがどのようになっているかはわかっている。バラバラになったオウムガイを組み立て、欠けた破片を探し、何とか誰が見てもわかるオウムガイが完成した。

　出るものだ。どうやら斜面から転げ落ちた石の中に入っていたようで、沢の両岸に

ペルノペクテン（左上）
ホタテ貝の仲間で、金生山でもおなじみの化石だ。
ミケリニア（左下）
福地産の蜂の巣サンゴにそっくりだ。
セーロガステロセラス（右）
ヘソが非常に狭く、オウムガイらしいオウムガイだ。

　地層が走っているようだった。石の種類はわかった。次は僕の番だと張り切ったが、なかなか見つけることはできなかった。

　それから何度か通った後、2年目となる2012年4月24日、ついに僕自身もオウムガイをゲットすることになった。

　大きな転石の表面をなめるように眺めていると、突然、円盤状のものが目に入った。しかも円盤には縦のしきりがいくつも並んでいて、すぐにそれがオウムガイの断面だということがわかった。このしきりは隔壁なのだ。石が大きかったので、少し小さくしようと割っていると、ちょうどオウムガイのところで割れてしまった。しまった！と思ったのだが、オウムガイの殻がうまく剥がれ、見事な縫合線が現れたのだった。すばらしいオウムガイの化石だ。初めてのことでものすごく興奮した。

　7度目の根尾でようやくゲットしたオウムガイの化石。やはり諦めず、しかもただ単に石を見るのではなく、こういう石に入っているだろうと考えながら探したのが良かったらしい。ポイントはベレロフォンのようだ。ベレロフォンの密集体がたくさん見つかったので、僕は仲間に「絶対にこの辺からオウムガイが出る」と宣言していたのだ。いかにも出そうな雰囲気だったからである。

　不思議なもので、その後は目が慣れたせいもあってか、次から次へとオウムガイが見つかった。それにしてもオウムガイがたくさん産出するところだ。

　オウムガイの採集で気をよくし、以後、さらなる探索が始まったのである。

35 〈新潟県〉青海の巨大直角石と巨大ムールロニア

　青海に初めて行ったのは、1984年のゴールデンウィークのときだった。足立君と2人、どんなところだろうとわくわくしながら行ったのを覚えている。彦根から350kmもあるので、富山県朝日町の大平川（ジュラ紀）の産地と併せて計画したのだ。そうそう、大平川の河原にテントを張り、野宿したのを思い出す。

　青海は、道路沿いにある電化工業（現・デンカ）の石置き場にたくさんの石が置いてあり、それを割って化石を出していたのだ。その石にはたくさんの化石が入っていて、採集は比較的簡単だった。ただ、大きな石だったので、初めてのことでもあったし、割るのに手こずり、そう多くは採れなかった。それでもカミンゲラやブラキメトプスといった石炭紀の三葉虫をはじめ、腕足類や巻貝などを採集した。

　その頃は電化工業もそんなにうるさくはなかったが、年々厳しくなって、立ち入りもままならないようになった。聞くところによると、当時は定期的に化石の入った石を置いてくれていたとか。本当かどうかわからないが、みんなそうやって採集していたらしい。

　その後、青海町の博物館や糸魚川市のフォッサマグナミュージアムの敷地に化石の入った石灰岩が運ばれ、そこで採らせてもらうことができたのだ。

　特に青海町では、石が良かったのかたくさんの化石が産出し、仲間の間では何度も通った者もいた。特にすごかったのはムールロニアだろう。ほぼ完全なムールロニアがたくさん採れ、僕はうらやましく思っていた。残念ながら、僕はなぜか参加せず、ご相伴にあずかることはできなかった。

　その後、平成の大合併で、青海町は糸魚川市と合併し、博物館もフォッサマグナミュージアムに吸収されてなくなってしまった。今でもフォッサマグナミュージアムでは、博物館の横に化石の谷と称して、石灰岩を運んでいるようだが、量が少ないせいもあって、いつ行っても小割りされた跡ばかりだ。ここでは一度も採集したことがない。行く時期が合わなかったのだろう。

　その後も何度か訪れていたのだが、採れる量は少なかった。

　青海の石灰岩はとても特徴的で、色は白ないし灰色で、地層によっては化石をたくさん含有するところがある。見た目はご

青海川の河原で採集する
夏から秋にかけては一番水量の少ない時期だ。河原を探索すると化石の入った石灰岩がたくさん見つかる。

第2章　仲間を増やして　　103

群雲石
群雲状の石灰岩は化石の塊だ。

ちゃごちゃとしていて、僕は群雲石(むらくもいし)と名付けている。まさにその様相は群雲状態で、くねくねと曲がった怪しいものや、くるくると巻いたものなど、これはまさしく珊瑚礁のそのものなのだ。

こういった地層に三葉虫やゴニアタイト、ムールロニアといった化石が入っているのだ。もう少し詳しく言うと、実際にはこの上下の地層がさらに良さそうだ。少し群雲状態は薄れるが、保存の良い化石が密集して入っている。

水量の少ない9月頃に行くと、青海川は水位が低下し、大きな転石が目立つようになる。一個一個その転石の表面を眺めると、一番目につきやすいのはゴニアタイトだろう。古生代のアンモナイトだ。断面は白亜紀のアンモナイトとそう変わらないので、誰にでもすぐに判別できる。あとは腕足類の断面だろうか。ちょっと違う石にはサンゴの化石も入っていて、こちらもすぐにわかる。

そんな石を割ると、化石がいっぱい出てくる。いい石に当たると持ち帰れないくらい採れるのだ。

2011年8月7日のことだった。仲間を引き連れ、青海に向かった。夏場ということで、河原には多くのアブが飛び交っていた。以前はそんなに気にならなかったのだが、この年は相当すごかった。じっとしているとたくさんのアブがやってきて、僕たちを容赦なく襲うのだ。小さいアブだったので恐怖は感じないのだが、とにかく嚙(か)まれてかゆいのなんの。アブは刺すのではなく、嚙むのだ。

アブだけではなく、小さなヤブ蚊もたくさん襲ってきた。しかし、そんなことはお構いなしで、僕たちはがんがんと石を割り続けた。河床にも転石はあるが、河畔林の中にも転がっていて、そのなかでいい石を探した。

僕は地面に埋まっている石を探していたのだが、運良く群雲石が見つかった。長さ50cm、厚さ30cmくらいだろうか。石の表面はほどよく風化し、化石が溶けた穴ぼこが目についた。僕は大きなハンマーでガツンと一発、たたき割った。すると、なにやら大きな棒状のものが割れた面に現れた。その周りには腕足類やコケムシ、ゴニアタイトもくっついていた。いい石だがその丸い棒状のものが気になった。ウミユリにしては長いし、ウミユリなら中は方解石になっているはずだ。何だ？ そうか、これは大きな直角石だ。僕は直感でそう思った。

それしか考えられないのだ。僕の頭の検索機能はそういう結果をはじき出したのだ。表面は何の模様もないが、ところどころに

節のような筋があり、それは直線だ。そう、直角石の縫合線が見えているのだ。約3cmおきに現れ、いくつも続いている。

それは長さ約25cm、直径4〜5.5cm、超特大の直角石だ。わかってしまうとさらに目が良くなる。風化した石の側面には丸い穴がくぼんでいる。そしてその反対側にも一回り大きな穴が見える。そう、これは直角石が貫いたような状態になっていたのだ。すごい発見だ。こんなに大きな直角石は、日本では岐阜県高山市福地のデボン紀でしか知られていない。僕はすごい化石を発見し、本当にうれしかった。

青海通いは足繁く続いた。一番通ったのは2011年だろうか。この一年になんと21回も通ったのだ。その成果はめざましく、大量の化石を採集することができた。

すごかったのはいくつもあるが、そのうちの一つを紹介しよう。それは『750選』でも紹介しているが、僕の好きなムールロニアなのだ。カラーバンドが残っていることでも知られているが、青海のムールロニアのなかには、とてつもなく大きなものがある。ムールロニアはオキナエビスの仲間で、現生のオキナエビスは珍重されている。各時代から産出するが、青海でも保存の良いものが多産する。

いくつも採集しているうちに、大きなものが現れた。通常見つかるのはせいぜい長径3cm程度だ。それが4cmになり、5cmのものまで現れ、記録を伸ばしていった。そしてついにさらに大きなものが採集できたのだ。長径はなんと8cmだ。これだけ

巨大直角石
長さは25cmあり、とても大きなものだ。

カラーバンドの残ったムールロニア（上）
カラーバンドが残るものも多い。
巨大なムールロニア（下）
長径は約8cmあり、現生のオキナエビスと変わらない。右にあるのは通常サイズの標本だ。

カミンゲラの尾部（左）
大きな岩の中にカミンゲラの尾部が見つかった。
カミンゲラの頭部（右）
立体的に産出する頭部の化石。まるでトカゲの頭のようだ。

大きいと欠けずに採れることはまずない。青海の石灰岩はひびが多いためだ。小さな断層（ずれ）も多く、なかなかきれいに完全なものが採れることはない。かなり損傷はしたが、それでも 8cm は大きい。こうなると現生種と変わらない。

青海は三葉虫も多産する。ひとたび良い石に当たれば次から次に出てくる。多いときは 1 日に数個は堅い。種類はカミンゲラが多く、これがほとんどを占める。カミンゲラの頭部もよく見つかる。他の産地では見られない産状で、立体的に産出するのだ。トカゲの頭のように見えるのでかわいい。東北地方では完全体の三葉虫がたくさん採集されているが、頁岩がほとんどで、ぺしゃんこに圧縮されていて、このような立体的なものはまず見られない。

カミンゲラには大きなものも見られ、尾部の幅が 2cm もあるものがある。全体像を推定すると 5cm は超えるだろう。

カミンゲラの他はブラキメトプスだ。殻の表面にぶつぶつがあるのが特徴だ。頭部は時折見つかるのだが、不思議なことに尾部はめったに見つからない。

青海はとても魅力的な産地だが、採石場の中に入って直接採集できないのが残念だ。

36 〈三重県〉恵利原のキダリス

　三重県志摩市恵利原の山中に鳥の巣石灰岩が散在し、キダリスや六射サンゴの化石が採集できる。初めて行ったときは地名だけが頼りだったため、場所がわからずに入り口の前を素通りしてしまった。

　産地の入り口付近には石灰岩が見当たらなかったのでやむを得ないことだった。鳥の巣石灰岩の産地は各地域にあるが、どこでも石灰岩がたくさん目につき、採れる場所は検討がつくものだが、ここは違った。後日、仲間に詳しく教えてもらい、再度挑戦となった。

　道路がカーブするあたりに小さな沢が流れていて、そこが入り口になっていた。以前はここを素通りしてしまったようだ。

　入り口から300mくらいだろうか、林の中の緩やかな斜面を上っていく。少し開けたところに出ると、右手に大きな崖が現れた。どうやらこのあたりが産地のようだ。

　さっそく崖にとりつき、いつものようになめるようにして見ていく。ところが何も見当たらない。仲間の話では、地面に点在する石灰岩の中からもキダリスは採れるとのこと。そちらも見てみる。なるほど、石灰岩の表面に丸い跡が見えた。キダリスだ。しかし硬い石灰岩だ。こんな硬い石からどうやって採集するというのだ。とても採れたものではない。

　キダリスの化石は初めてではない。高知県佐川町や和歌山県由良町、福島県でも経験がある。どこの産地でもそうで、石灰岩にも入っているが、石灰岩と石灰岩の間に

石灰岩の壁で採集する
大きな石灰岩の壁があり、その中から探す。

林の中は石灰岩が点在する
200mほど上ると石灰岩が現れる。

頁岩の中のキダリスの棘
頁岩の中からキダリスを採集する。

第2章　仲間を増やして　　107

挟まった頁岩にも入っているものだ。石灰岩から取り出すことはできないが、頁岩は軟らかく、ペラペラと剝がれていく。そんな石だから、キダリスが入っていれば比較的簡単に採れるのだ。軟らかく風化していればなおさらだ。

僕はまったく平らな地面を掘ってみた。わずかながら頁岩層がのぞいていたからだ。同じ頁岩でも、規模の大きな頁岩層もあれば、石灰岩と石灰岩の間にある薄層もある。どちらもキダリスが入っているが、大きな頁岩層からキダリスを見つけるのは難しい。その代わり、ひとたび見つかれば、たくさんのキダリスが出るし、保存も良い。

片や薄層はというと、産出する率は高いが、なにぶん薄層なので変形していたり、断層でずれていたりといいものは少ない。確実に採集するなら薄層を、いいものを得るのなら岩体を探すべきだろう。

幸いなことに、僕が掘った頁岩の岩体からキダリスが出てきた。いくつも出てきたのだが、すぐに産出は途切れ、以後いくら掘ってもまったく出てこなかった。

今度は薄層にチャレンジだ。レンズ状になった石灰岩をバールを使って剝がすと、薄い頁岩層がたいてい現れる。それを手でひねったりして小割りするとキダリスが出てくるのだ。一つ出ると二つ出るという感じで、いくつも出てきた。キダリスの本体の印象も出てきた。これは珍しい化石だが、ころんと出てきたならもっとうれしかっただろう。たくさん採集できるので、保存の良いものを選んで持ち帰るとよいだろう。

本体の化石も出てきた
珍しいキダリス本体の化石だが、溶けていて印象になっている。

キダリスの棘（上）
頁岩の薄層から産出するものは分離が良く、このようにころんと出てくることが多い。
頁岩中にはいくつも入っている（下）
キダリスの棘は、何個もかたまって入っていることが多い。

37 〈北海道〉白亜紀のオウムガイ

【三の沢のオウムガイ】

2012年5月18日、小平町三の沢での出来事だ。相原君と川辺さんの3人で下記念別川支流の三の沢を遡った。

ノジュールを探しながら沢を登っていくと、前方の左岸の露頭にノジュールらしきものが見えた。先行していた相原君に、「相原君、あそこに何かあるよ」と声をかけた。相原君はその横の狭い溝を上ったのだが、たまたま溝にあったノジュールに手を出しただけで、僕の示したノジュールには手を出すことはなかった。きっとその場所からは見えなかったのだろう。

沢の一番奥まで行った後、気になったので帰りにもう一度先ほどのノジュールを見ることにした。確かにノジュールっぽく、つるっとしていたのでユーパキディスカスの表面にも見えた。ツルハシでこじって取り出すと、それはやはりまるまるとしたパキのようだ。軟らかい崖錐(がいすい)だったのでどろどろに汚れていて、水で洗うと全容がわかった。

小ぶりのパキのように見えたそれは、よく見ると直線状の縫合線がのぞいている。そう、これは大きなオウムガイだ。大きく、ずっしりとしてとても重量感がある。それは長径22cmの大きなオウムガイ、ユートレフォセラスであった。これだけ大きいのは初めてだ。じつに16年ぶりの白亜紀のオウムガイで、とてもうれしかった。

このときはいろいろと収穫があった。まずは小さいながらユウバリセラスが採集できた。この沢では初めてのことだった。ユウバリセラスは10列の突起があるのが特徴で、上記念別川でよく採集した種類だ。

他にも珍しいウミユリの化石が見つかったし、比較的大きな腕足類も見つかった。通常見るアンモナイトよりも、変わったも

三の沢
三の沢は下記念別川の支流の一つだ。

ユートレフォセラス
特大のオウムガイで、長径は22cmもある。

第2章 仲間を増やして

のがたくさん採集できた。

【逆川のオウムガイ】

2013年の6月、いつものように自転車で逆川を目指した。上羽幌から約2時間、ようやく逆川の第一大露頭に到着した。林道にはたくさんのノジュールが転がっていたが、不思議と1ヶ所にまとまっているではないか。どうやら先人がいたらしい。

先人は次から次に林道に転がっているノジュールをかき集め、化石の入ったものだけを持ち帰ったようだ。そして、ノジュールの表面に化石が見えないものだけを林道上に放置したようだった。悔しい。せっかく苦労して来たのに、僕は2番手だったのだ。

僕は悔しい思いを押し殺し、捨てられたノジュールを点検しだした。すると、ひとつ丸い形をしたノジュールが目にとまった。妙に丸い。しかもノジュールの表面が途中で違っている。どうやら化石が入っているようだ。

そのノジュールを手に取り、しげしげと見つめてみた。そしてすぐにピンときた。それはオウムガイの化石だったのだ。まるまる1個だけ入っていて、少しだけノジュールからはみ出た状態だった。

泥で少し汚れてはいたものの、よく見ればわかりそうなものを。先人は泥を払わなかったので、気がつかなかったのかもしれない。

殻の表面には肋が並んでいて、どうやらキマトセラスのようだ。

落胆から一転、僕は思わぬ収穫に報われた気がした。それにしても先人の目はどこを見ていたのだろう。こんな珍しい化石に気がつかないなんて、じつにもったいない話だ。

逆川の大露頭で（上）
逆川の大露頭の前に捨ててあったもの。気がつかなかったのかしら。

逆川のオウムガイ（下）
長径9.5cm。つぶれておらず、なかなかの標本だ。

【天狗橋のオウムガイ】

小平町を流れる小平蘂川に天狗橋という橋が架かっている。達布の集落と小平ダムの中間くらいにある橋だ。そこから少し上流に行ったところに露頭があり、ここからリヌパルスが採れると聞いたことがあった。

それを聞き、せっせと通っているのだが、未だにここではリヌパルスにお目にかかっていない。どうも縁がなさそうである。

　ここの露頭はコニアシアンという時代のもので、この時代特有の化石が採れている。保存の良いエゾセラスを見つけたこともあるし、スカラリテス・ミホエンシス、さらにはきれいなアナゴードリセラスを採集したこともある。

　そして、この露頭でもオウムガイを見つけたのである。それは長径わずか5cmほどの、とても小さなものだった。でもオウムガイだ。

　これはユートレフォセラスと思われたが、この露頭でオウムガイを採集できたのは初めてのことだった。

　オウムガイの化石はこれまでに、苫前町の古丹別川で2個、逆川で1個、遠別町の清川林道で1個、小平町の三の沢で1個、天狗橋上流で1個と、珍しい化石とはいえ、そこそこ得ている。探せば意外と見つかるものだ。というか、よく見ることが肝心だ。

天狗橋上流の小平蘂川
天狗橋上流約300mの露頭。コニアシアンの地層が広がる。

天狗橋のオウムガイ
長径4.5cmと少し小ぶりだ。

38 〈北海道〉化石沢を目指す

「化石沢」、ずいぶんとストレートな名前だ。1/25,000 の地形図に記載はないが、化石仲間の間ではちゃんと通じる。きっとたくさんのアンモナイトが出るに違いない。しかし、場所は北海道の山の中、奥深まったところで、簡単には行けない場所として認識していた。

中川町の佐久からは 25km もある遠い山の中だ。林道のゲートからはおよそ 10km の位置にある。

そんなあるとき、化石仲間に誘われ、行ってみようということになった。とはいうものの、林道の入り口には立派なゲートが設置してあり、車では入れない。化石沢は、天塩川水系の安平志内川支流、ワッカウェンベツ川上流にある小さな沢だ。

僕たちは自転車で行くことにした。川沿いの林道を遡るだけなので、そんなに大きな峠はない。ただ、多少の上り下りはあるので、2 時間ほどはかかりそうだった。

化石沢の少し手前、ワッカウェンベツ川にすぐに降りられそうなところがあったので、そこに自転車を置き、歩いて本流を遡り、帰りは林道を歩いて帰るということにした。

広い河原に降り、河床の転石を丹念に見て歩いた。黄色い色をしたノジュールがたくさん転がっている。ほとんどのノジュールには何も入っていなかったが、よく探すと化石が密集して入っているものも見つかった。多いのはゴードリセラスだ。化石

化石沢の入り口
ワッカウェンベツ川の上流にある。時代はサントニアンか。

インターメディウムが見つかった
化石沢で初めて見つけた化石がインターメディウムとはなんとラッキーなことか。

インターメディウムのクリーニング前
現地でバラバラになってしまったが、部品はすべて回収した。

クリーニング後
慎重に組み立てて何とか完成。長径25cmの大物・美品だ。

沢で有名なのはユーパキディスカス・ハラダイと呼ばれる大型アンモナイト、次にハウエリセラスとゴードリセラス・インターメディウムという大きなアンモナイトだ。ハラダイは大型アンモナイトで、特に有名だ。インターメディウムはゴードリセラスの仲間でもきわめて大きくなるタイプで、大きい割にはヘソもしっかりと残り、きれいな標本が多い。

さっそく川辺さんがハウエリセラスを採集した。僕もいわゆる小物がたくさん採集できた。しばらく歩くと、右手に小さな沢が現れた。どうやらここが化石沢らしい。沢の入り口にある大きな木に、「化石沢」と刻んである。

川幅は5mほどで、水量の少ないときは流れの幅も1m足らずだ。周辺の地層は軟らかいのか、とても崩れやすく、泥が堆積したようになっている。いかにも化石が出そうという沢だ。

河床に転がっていたノジュールをたたいてみた。大きな板状をしたノジュールだ。

入り口付近の河原を探す（左）
ワッカウェンベツ川の河原で化石を探す。右下は採ったばかりのハウエリセラスだ。
特大のハウエリセラス（右）
特大の完全体だった。長径は15cm。

　するとどうだろう、大きなインターが顔を見せたのである。きわめて分離がよく、コンとたたいただけで分離した。バラバラになったので組み立ててみた。長径約25cm、ヘソの中心部まできれいに分離したゴードリセラス・インターメディウムだった。化石沢に入って最初に見つけたのがこれだなんて、なんと幸先のいいことだろう。

　仲間の1人は30cmほどもあるユーパキディスカス・ハラダイをゲットして、みんなにこにことして引き揚げることになった。

　それに味を占め、以後何回となく足を運んだ。たまたまゲートが開いていて、車で入ることもできた。そのときは15cmほどもある大きなハウエリセラスをゲットした。河床の転石なのだが、きっと化石沢から流れてきたものに違いない。

　2016年の6月に自転車で行ったときは、数十cmもの大きさのアナパキディスカスを見つけてしまった。河床の土の中に埋まっていたものなのだが、そのままではとうてい持ち帰ることはできない。

　運良くというか、余計な母岩を外していたら、化石が真っ二つに割れてしまった。これでかえって運びやすくなった。半分をリュックに押し込み、後の半分は抱えて運び、何とか自転車のところまで戻ってきた。抱えた半分は自転車にくくりつけ、重いリュックを背負って帰るだけだ。

　ゲートまで10km、空荷だったら楽な道なのだが、なにしろ化石だけでも合わせて40kgほどある。うれしくも大変な採集となった。

　化石沢の化石は、貝殻が白化しているものが多く、とても分離が良い。愛好家の間では、「しろもの」とも呼ばれていて、好まれているようだ。

　これ以来、中川町の化石沢はお気に入りの場所となった。

　化石沢にしても、一つ下流にある学校の

沢にしても、ワッカウェンベツ川を渡らないと沢には入れない。春先の徒渉は要注意だ。朝方はさほど水位が高くなくても、日中になると急に水位が上昇し、渡れなくなってしまう。雪解けが進み、急激に水位が増すからだ。

僕は2回ばかり怖い思いをしたことがある。化石沢に入る際に流されそうになり、さらに沢を出るときはもっと水位が上がり、本当に流されるかと思った。水位はところによっては胸にまで達し、それはもう必死だった。あまり無理をして入るとえらい目に遭うし、下手をすると命をも落としかねないので、本当に注意をしてほしい。

化石沢は化石愛好家の間では人気の場所だ。外れはないし、シーズン一番乗りで訪れることができたなら、大量の化石が採れるはずだ。そんなだからもう競争だ。最近ではキャンプしながら何日もかけて探索している人も見かけるようになった。しかしいくら好きとはいえ、熊の巣のようなところなので、僕にはそんな勇気はわかない。

大型アンモナイト発見（上）
河床の砂利の中に埋まっていたもの。あまりにも大きいので、すこし小さくして減量した。
自転車に積んで運ぶ（下）
ちょうど半分に割れたので、一つは自転車に積み、残りをリュックに入れて運んだ。

39 〈長崎県〉沖ノ島のアッツリア

　長崎県長崎市沖合にある沖ノ島でアッツリアが産出することは、島原市に住む読者の方から教えてもらっていた。

　新生代のオウムガイ産地で有名なのは、佐賀県多久市周辺、福岡県大牟田市、宮崎県日南市、長崎県長崎市の沖ノ島、福井県高浜町が挙げられる。やはり南方系の化石なので九州が多い。しかし、浮遊性の生き物なので、海流に運ばれて意外なところでも産出している。仲間の1人は茨城県北茨城市の五浦でも採集しているし、僕は滋賀県甲賀市の鮎河でも採集している。

　種類はまったく違うが、稚内市の東浦海岸でアオイガイの殻を拾ったことがある。アオイガイは殻を持つタコの一種だ。オホーツク海の冷たい海でアオイガイが拾えるとは思ってもみなかった。

　2001年4月5日、九州巡検の一環で初めて沖ノ島を訪れた。沖ノ島は伊王島と小さな橋で繋がっていて、伊王島・沖ノ島とセットで呼ばれている。長崎港から20分足らずで行ける距離だ。

　長崎港に車を止め、船で沖ノ島に向かった。化石は沖ノ島の南西海岸にある岩畳で産出するという。「畦の岩這」というところだ。

　このときは初めてのことなので成果はいまひとつに終わっていた。残念ではあったが、長い九州巡検での一幕なので、さほど悔しい思いはなかった。

　時は流れ、2013年5月11日、12年ぶりにもう一度行ってみることにした。目指すポイントはこの場所だけだったので、初めて長距離バスを利用することにした。

　京都駅で伊藤さんと合流し、夕方に出発して、名神高速道路、中国、山陽、中国、九州、長崎自動車道を通り、早朝に長崎に到着した。長い距離だが、あっという間だっ

この海岸でアッツリアが出るらしい
きれいな地層が大きく広がる海岸だ。

島には立派な橋が架かっていた
久しぶりに訪れたら、立派な橋が架かっていた。

た。

　バス旅行は好きなのだが、夜は前方のカーテンが閉められ、景色を見ることができないというのはとても苦痛だった。景色を見るのが旅行の楽しみなのに、座席横の窓から少しだけ流れる風景をのぞき見るだけだ。まるで護送車に入れられて運ばれているような気がし、夜行バスは単なる移動手段になってしまった。

　沖ノ島には、以前は船で訪れたのだが、あれから12年、その後に立派な橋が架かり、路線バスでも行けるようになっていた。

　1日目はバスで、2日目は船で沖ノ島に渡った。2日かけてアッツリアを探したのだが、探し方が悪いのか、まったく見つけることはできなかった。以前はフミガイなどの二枚貝や単体サンゴ、巻貝などは採れたのだが、今回はそれすら採れなかった。

　考えるに、岩盤が硬いので、自然に化石が岩から分離するのはなかなかないこと。橋ができ、採集に訪れる人が増えて化石がなくなった。化石の絶対量が少ない……というところだろうか。

　2日目に伊王島の西海岸にも足を伸ばしてみた。サメの歯が出ると書いてあったような気がしたからである。でも道を間違えたのか、一つ南の海岸に入り込み、珪化木だけを拾ったに過ぎなかった。

　今回の沖ノ島巡検、化石の収穫はほとんどなかったが、バスにも乗れたし長崎市内も歩けた。長崎ちゃんぽんも食べられたと、旅行気分を十分に味わえた旅だった。

伊王島でも化石が出るらしい
伊王島の海岸にも足を伸ばす。

炭層が見つかった
さすがに九州だ、炭層が見つかった。昔は採掘していたそうな。

化石はなかったが
海岸で遊んでいると、カメノテやイソギンチャク、ヒザラガイが見つかった。

第2章　仲間を増やして

40 〈北海道〉メタプラセンチセラスの完全体

　2010年8月14日、僕はいつものようにパソコンに向かい、雨雲の様子を見ていた。すると道北地方に真っ赤になった雨雲の帯が見つかった。拡大してみると、雨雲は遠別方面から中川町方面にかけて広がっており、しばらくの間かかり続けるのだった。いわゆる線上降水帯で、大雨・洪水を起こすものである。

　しばらく息をのみ、5分間隔に変化する画面を食い入るように眺め続けた。その赤い帯はずっと遠別方面にかかり続け、これはすごい大雨だと感じた。

　その年の秋、大雨から1ヶ月が経って季節が変わってしまったが、一番に遠別町の清川林道に向かった。するとどうだろう、林道脇の崖は大崩落しており、周囲の山も土砂崩れを起こしている。単に土砂崩れというよりも、山体崩壊と呼んでもいい様子だった。地層はちょうど白亜紀、メタプラセンチセラスが産出する場所である。

　崩れた土砂の中からはたくさんのノジュールが顔を出し、メタプラセンチセラスがノジュールから顔をのぞかせている。ノジュールは比較的大きくて、10cmから15cmくらいはあった。一つ割ってみることにした。このノジュールにはアンモナイトは密集して入っておらず、しかもノジュールの質も均質な泥灰岩だった。普通、この地域で見つかるメタプラのノジュールは、木片が入り交じり、メタプラをはじめとするアンモナイトがごちゃごちゃと入っているものが多かったので、この石は珍しかった。

　一部割れた面を見ると、少し大きめのメタプラが顔をのぞかせていた。大きい、最大級の大きさだ。7cmはあるだろうと直感した。

　これ以上は割らず、この石はそのまま持ち帰り、帰ってからクリーニングすることにした。他にもノジュールはたくさん見つかったし、メナイテスもころんと転がっていた。

　これだけ崩れるとそれはもう収穫が多いのは当然だった。日を変えて、仲間を引き連れて再度訪れたときも、たくさんのノジュールが見つかった。みんなで崖に登り、わいわいと言いながら採集にいそしんだ。

大崩落した清川林道
清川林道は崩落した土砂で埋まっていた。

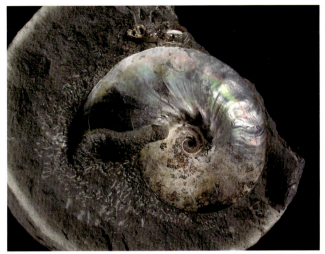

完全なメタプラセンチセラス
クリーニングすると、完全なメタプラセンチセラスが現れた。長径は7.8cmと最大級だ。

　もう一つのメタプラの産地、遠別町中央のルベシ沢にも行ってみたが、こちらも崖が大きく崩れ、たくさんのノジュールが見つかった。中川町方面でもすごいことになっていたらしく、採集仲間の話では、大いににぎわったようだった。

　持ち帰ったノジュールをさっそくクリーニングしてみた。ハンマーは使わず、見えているメタプラを中心にその周りを削っていった。するとどうだろう、完全体のメタプラセンチセラスが現れたのだった。小さなものなら完全体は今までにもいくつか出していたが、ここまで大きく、完全体と呼べるものは初めてだった。長径は7.8cm、メタプラセンチセラスとしては最大級の大きさだ。どの図鑑を見てもこれ以上の大きさのものは載っていない。S字状をした殻

まん丸のメタプラノジュール
この周辺で集めたノジュール。比較的大きなものが多かった。

口も欠けることなくきれいに保存されているし、完全無欠のこの標本は、日本一のメタプラセンチセラスといっても良いだろう。自慢の一つになっている。

それからしばらくノジュールの産出は続き、たくさんのメタプラが採集できたが、次第に山肌は丸くなり、木々も芽吹き、落ち着きを取り戻すと同時にノジュールも少なくなった。

北海道では何年かに一度はこういうことが起きている。白亜紀の地層は比較的崩れやすく、ひとたび大雨が降ると崩れ方も半端ではない。山の形は変わり、川の流れまで変わってしまうくらいだ。北海道に住んでいたなら、次の日には車を走らせていることだろう。

2回目もたくさん見つかった
さらにたくさんのノジュールが集まった。

大きなノジュールも見つかった
特大のノジュールが見つかり、何十個というメタプラセンチセラスが入っていた。

41 〈岡山県〉皿川のビカリア

　岡山県津山市を流れる皿川からビカリアの化石が多産することは以前から知っていた。津山市に住む読者の1人からは、河川の工事中に何千個というビカリアを採集したと聞かされていた。工事も終了し、もう採れないとばかり思っていたのだが、今でも特定の時期にたくさん採れるというのである。

　皿川に架かる新高尾橋の上下流付近では、今でも水位が下がればたくさんの化石が採集できる。河床を眺めれば、ビカリアをはじめとする巻貝やシクリナなどの二枚貝が目に飛び込んでくる。しかも比較的岩盤が軟らかいので化石を採集するのは簡単なのだ。

　ただ問題がある。それは川の水位だ。普段は水位が高く、平らな川底は水没していて、化石はあっても採ることができない。採集に出かけてもボウズということになるのである。ところがである、年に何度か水位が意図的に下げられることがあるそうだ。

　それは、500mほど下流にあるゴム製の簡易なダムによるものだ。普段はそのゴムの中に水が入れられ、膨らんでいて、それがダムの役割を果たしているわけだ。こういうダムは意外と多く、三重県の柳谷を流れる小さな川にも設置してある。

　この簡易なダムの水を抜くと、たまっていた水が流れ、河床があらわになることがあるという。農業用水の関係なのか、どういうときに水が抜かれるのかいまひとつよくわからないのだが、そんなときに出くわしたら化石が採れるという寸法だ。とはいえ、それがいつなのかはわからない。

　仮にダムが開き、たまった水が流されたとしても、水量（上流から流れてくる水の量）が多ければ、ある程度の水深があって難しい。

　幸い、水位が下がったときに連絡がもらえるというルートができ、時折、連絡して

皿川のビカリア産地
もっと水位が下がると、地層が広範囲に広がる。そうなればたくさんの化石が得られるに違いない。

半分開いたゴム製の堰
ゴム製のダムに水を入れて水を堰き止める。これがときどき開いて化石が採れるのだ。

水中のビカリア
水中にビカリアを発見。これはまずまずの状態だ。

岩盤の中から出てきたビカリア
岩盤を掘るとうまい具合にビカリアが出てきた。保存は良さそうだ。

ほぼ完全なビカリア
ほんの少し摩耗しているが。ほぼ完全なビカリアだ。

もらえた。

　津山までは、彦根から名神高速道路、中国自動車道を走って約4時間。距離にして250kmほどある。仮に行ってもどの程度まで水位が下がっているのかはわからない。賭けみたいなものだ。

　一度その賭けが当たったことがあった。友人から連絡をもらい、すっ飛んでいった。

　河床にはコケが生えているので、途中のホームセンターでデッキブラシを購入。これで汚れた河床をこすりながら探すのだ。このときは運が良く、2日で100個ほどのビカリアが集まった。ただ、河床に見えているものを探すのだから、当然にして摩耗した化石の断面が見つかる。そうなれば完全体ではないのだ。100個採集したといっても、保存の良いものはほんの数個にとどまった。

　それから連絡があるたびに通ったが、思ったほどに水位が下がっておらず、成果

は良くない日が続いている。雨の少ない冬場がいいようだが、なかなかうまくいかないのが現状だ。

この産地では『750選』に掲載してあるように、大きくて完全なビカリアも産出する。いつも水位が高く、水中タガネという技が必要だ。それでも届かず、得られていない。

また、特大の二枚貝のゲロイナや、アナジャコの化石も産出している。アナジャコの化石は大きなノジュールから出てきて、丹念にクリーニングすると得られる。しかし、硬くて大きく、クリーニングは大変だし、爪だけというものが多く、いいものを得るのは大変だ。しかし、何回も通えばきっといい化石に巡り会えるに違いない。

アナジャコの爪
ノジュールの中からはアナジャコの化石も出てくる。

大きな珪化木も見られる
上流に行くと大きな珪化木が何本も見られる。

42 〈石川県〉大桑の化石

2014年4月1日、金沢市では2日前に大雨が降り、大桑の産地の状況は最高だった。

平日だったため、先人はおらず、化石が採り放題だったのだ。特に、キタサンショウウニが十数個も採れたのはよかった。一番乗りということもあるが、雨上がりで地表の泥が流され、とても見やすかったというのが要因だろう。

さらに地表面を探していると、獣骨が見つかった。形から鰭脚類の大腿骨のようだ。えらいものを見つけてしまったものだ。ちっちゃなハンマーだけではどうにもならないので、慌てて道具を取りに車まで戻ることにした。誰かに見つかってもいけないので、ハンマーとハンカチを現場に置き、急いで車に戻った。

地元の愛好家がちょうど居合わせ、自慢げに現場を見せることにした。その人はすごいと言いながら、違うところを探し始めた。

慎重に大きく取り出すことにする。化石の周りを、ツルハシで大きく削る。一部壊れているので、これ以上のダメージは与えたくはない。

すると、先ほどの愛好家が手招きをして呼んでいる。何事かと近寄ってみると、いいものを見つけたという。それはホオジロザメの歯だった。

悔しい。1人だけなら、獣骨共々独り占めにできたのに。仕方ない、これも運命で

大桑貝殻橋から下流の産地を見る
犀川の様子だ。あいにく水量が多く、この日は不作だ。

獣骨が見つかった（上）
河原を歩いていると、獣骨が見つかった。鰭脚類の大腿骨のようだ。
慎重に取り出す（下）
壊さないように慎重に取り出す。

カルカロドンの産状
大量の水流に洗われ、見事にサメの歯が出現した。

ブンブクウニの産状
ブンブクウニも少しだけ見えている。

キタサンショウウニの産状
貝殻橋の下流域だけに産出した。

クジラの肋骨
クジラの肋骨が2本のぞいている。

ある。

　それにしてもきれいなカルカロドンだ。しかも産状がとても良い。川の水で洗い出され、半分以上が泥の中から飛び出しているのだ。うーん、本当に惜しいことをした。先にこっちを見つけておけば、2つとも僕のものになったに違いない。

　獣骨は何とか無事に回収することができた。骨の周りを深く掘り、母岩付きで大きく取り出した。後は自宅の机の上でじっくりとクリーニングだ。

　1ヶ月後の5月7日にも大桑を訪れ、今度はブンブクウニの完全体を採集した。ブンブクウニはノジュール化していることが多い。ノジュール化すると、化石の表面は分離せず、硬い石に覆われたままとなる。ウニの標本はそういったものが多く、なかなか完全できれいなものを得るのは難しい。しかし、今回は運が良かったようだ。

　見つかったものは、殻の内部だけがノジュール化し、殻の表面はとてもきれいな状態だった。今までで一番美しい標本となった。

第2章　仲間を増やして

大桑ではブンブクウニやキタサンショウウニがかたまって産出するところがあって、目星をつけて探せるのがおもしろいところだ。しかし、採れるときもあれば、何一つ採れないことも多いから、まったく運に任せるほかはない。

　2014年の夏、能登巡検の帰りに、大桑に立ち寄った。夏場は水位が少なくて良いのだが、その分、たくさんの人が巡検した後なので期待は持てない。

　いつものように探していると、骨の一部が地面からのぞいていた。しかも2本もあるではないか。どうやらクジラの肋骨のようだ。

　取り出すのに少し時間がかかったが、何とか2本とも回収することができた。何が出るかわからないのが大桑のおもしろいところだ。

　少し下流では、サメの歯が採れるということだったのでそちらにも行ってみた。貝殻橋から500mほど下流で、砂礫層から出るというのだが、何回見てもお目にかかったことはない。懲りずに今回も探したのだが、やはり見つけることはできなかった。

　その代わり、砂礫層の近くで足跡化石を発見してしまった。ゾウやシカといった獣の足跡だ。地表はきれいに洗われ、粘土層の上にいくつも足跡が残されていた。持って帰りたいほどきれいな足跡化石だったが、さすがに無理で、写真での採集ということになったのである。

　この地域も一度陸になったことがあるということだろう。

ゾウの足跡の化石
いくつものゾウの足跡が前方に続いている。

シカの足跡の化石
これはシカの足跡で、ゾウの足跡の周辺に散在していた。

第 **3** 章
化石を探究する

ただ漫然と化石を採集するだけでなく、
いろいろと考察すると楽しさも深まるというもの。
あーだこーだと頭の中で想像力を膨らませ、
疑問に思ったことを追求するのも化石採集の楽しみだ。
そうすれば新たな発見につながるというものだ。

43 〈三重県〉柳谷のメガロドンとキャッチャーミット

　三重県津市の柳谷からはたくさんの化石が出ている。なかでもサメの歯や獣骨の産出は目を見張るものがある。そのことは『日本全国化石採集の旅』や『産地別　日本の化石 800 選』『650 選』『750 選』でも紹介している。

　柳谷の石は砂岩が中心で、砂岩層の合間に、厚さ約 30cm の化石層が挟まっている。砂岩は非常に硬く、直接地層を壊して採集するのは難しい。

　幸いなことに、柳谷ではその昔、採石が盛んだったようで、集落の周辺にはたくさんの石切場が残っている。林の中なので、道路からは見えないが、ひとたび山に踏み入ると、その跡がすぐに目に入る。そして、その周辺には、砂岩を切り出すときに出た石の破片が散らばっている。その破片は、砂岩もあれば、砂岩層中の化石層もある。化石層は割れやすいので邪魔になったのだろう。

　そんな石の破片（といっても大きなものだ）を目当てにして、今まで採集を続けていたのだが、次第にその石も少なくなり、だんだんと化石が採れなくなってきている。なので足を運ぶ回数も自ずと少なくなってきていた。

　2014 年、長年気になっていた柳谷の大母岩。絶対にまだメガロドンが入っていると信じていたあの大母岩をついに割ってみることにした。

　以前、サメの歯や獣骨がたくさん産出した岩なのだが、採集しにくくなったので手をつけるのをやめていたものだ。しかし、もうこの石しかないと思ったのである。

　久しぶりに現場をのぞいてみたら、あたりの様子が大きく変わり、とても採りやすくなっていた。幅 1.5m、高さ 1m ほどの転石だが、すべてが化石層で、柳谷では一番厚い化石層なのだ。しかも上部 30cm はほどよく風化し、軟らかくなっているため、

石切場の跡
柳谷の集落では、至るところにこのような石切場の跡が見られる。

梅林寺の化石層
梅林寺の下には化石層が露出していて、よく見るとサメの歯も観察できる。

ツルハシで簡単に掘れるというこの上ない状態である。

この石からは 70cm × 30cm × 50cm のブロックから 5 個のメガロドンが出ているので、まだ入っている可能性はきわめて大である。さらに、周りの木々が枯れたり、覆っている土砂が流れたりして、以前よりも採集しやすくなっていた。

そして採集に取りかかった。地層はとても軟らかく、手でも剝がれるくらいに風化していた。しかし、なかなか何も出てこない。ま、何も出ずとも 13 年間のもやもやが晴れるだけでも満足なのだが。

自分にそう言い聞かせてさらに掘っていく。すると、割り取った地層の断面に三角形の模様が目に入った。出た！　メガロドンである。歯冠の先端あたりが割れ、その断面が見えたのだ。

ついにというか、やはりという感じでメガロドンが出たのだ。

家に帰り、さっそくクリーニングとなった。まずは水洗いだ。乾燥させたあと、歯冠の接着に取りかかった。運良く欠けはなかったが、もともとかなり傷ついていたようだ。クジラや鰭脚類を襲ったためだろう、歯こぼれを起こしていた。歯冠の両サイドには副咬頭と呼ばれる高まりがあり、メガロドンとは種類が違うのかもしれない。

さほど大きくはない標本だが、久しぶりのゲットに本当にうれしかった。何よりも、絶対に出ると確信して採集に臨み、その通りになったのがとてもうれしかった。

13 年ぶりのメガロドンは、見事な一品

残っていた化石層の大母岩
この中からメガロドンの歯がいくつも出てきた。また、獣骨も多数出てきた。

メガロドンが出てきた
予想通り、メガロドンが出てきた。ホタテの層に挟まっている。

だった。大きさは高さが約 7.5cm、巨大とはいえないが、メジロザメやイタチザメに比べるとはるかに大きくて迫力がある。

なお、メガロドンは正確には、カルカロクレス・メガロドンというが、昔はカルカロドン・メガロドンと呼ばれていたので、どうしてもカルカロドンと呼んでしまうことの方が多い。これは僕だけではなく、みんなそうだ。

この場所の近くに小さな谷と石切場の跡があり、化石層の転石が散らばっていた。以前にも化石を採集したことのある場所だ

採集時の状態（左）
採集時のメガロドン。少し傷ついているがほぼ完全体だ。
クリーニング後の標本（右）
きれいにクリーニングできた。高さは7.5cm。

殻の残ったエゾフネ（左）
大きなエゾフネの化石だ。
殻の溶けたエゾフネ（右）
殻が溶けると、まるでキャッチャーミットのようだ。

が、せっかくなのでいくつかの転石をたたいてみることにした。ここはとても大きなフルゴラリアが産出したところだ。

いくつか転石を割ると変わった化石が出てきた。まるでキャッチャーミットのような変わった形の化石である。大きさは大きいもので4cmくらいだろうか。僕はすぐにわかった。エゾフネだ。エゾフネの殻が溶けた内形の化石なのだ。それにしてもでかい。滋賀県の鮎河で採集したものと比べると何倍もの大きさだった。

いくつも出てきたが、すべて印象化石だった。さらに探してみると殻の残ったものも出てきた。しかし、このあたりからしか出ないようだ。他の場所ではこんなに大きなものは見たことがない。何ともおもしろい化石である。

ところで、柳谷の集落のなかに梅林寺というお寺があり、直下の露頭は県の天然記念物に指定されている。露頭には大きなイスルスの歯も見えているので、探してみると良い。

44 〈岐阜県〉根尾の化石②　オウムガイ層の発見

　2012年4月に岐阜県本巣市根尾の初鹿谷でオウムガイを見つけてから、さらに根尾通いに拍車がかかった。春は3月の中旬から5月の初めまで、秋は10月の下旬から12月の初めまで、天気のいい日にはせっせと根尾に通った。彦根から85km、車で約2時間の距離だ。

　雪が積もっているときは、初鹿谷の入り口に車を止め、約1kmの道のりを1時間ほどかけて歩き、現場に向かった。林道に雪が積もっていても、たいてい山の斜面には雪がなく、採集は可能だった。

　苦労したおかげでオウムガイもたくさん採集することができた。その数は2018年の春現在で、じつに239個にも達した。

　さらには、ベレロフォンやマーチソニアの仲間、四射サンゴ、ミッチア、ツノガイ、ウグイスガイ、ペルノペクテンといった金生山でもなじみのある化石もたくさん見つけることができた。また、ミケリニアという床板サンゴも見つけることができた。ミケリニアはペルム紀の蜂の巣サンゴで、気仙沼の上八瀬がもっとも有名な産地だが、産出地の少ない化石だ。いずれも、権現谷ではほとんど見ることのない化石たちばかりである。

　オウムガイは3種類が見つかった。もっとも普通に産出するのは、ファコセラスという種類だ。ファコセラスは円盤状をしていて、白亜紀のアンモナイト、ハウエリセラスにやや似ていて薄っぺらい形をしてい

オウムガイの断面発見
山腹に埋まっている石灰岩の塊を掘るとオウムガイの断面が現れた。

る。たいがい圧力でつぶされていて、見つかるときはぺしゃんこになっているが、つぶれていないものも出てきて、実際はもう少しふっくらとしている。殻の外縁部はとがっていて、断面は三角形の二辺状態をしている。

　もう一つは、ドマトセラスと呼ばれているもので、ファコセラスと同じく円盤状をしている。ぱっと見、とても似ていて、巻いた面を見ただけでは判断できない。ファコセラスと違うところは、外縁部が四角になっていて、断面はコの字状をしている。僕はこの二つの種類は、♂と♀の関係ではないかと思っている。産出個数は圧倒的にファコセラスの方が多いようだ。

　そしてもう一つ、金生山で知られるセーロガステロセラスに似た、丸い形をした、ヘソの狭いオウムガイも産出した。これ

2枚のオウムガイの断面
圧縮されたファコセラスが2枚重なっている。決して珍しいことではなく、それだけ個体数が多いということだ。

マーチソニア
金生山でもおなじみの長細い巻貝だ。

オルチス目の腕足類
根尾では珍しい大型腕足類だ。

は現生のオウムガイと形状がやや似ている。ファコセラス、ドマトセラス、セーロガステロセラスの産出比率は、95対3対2程度である。

たくさん産出するオウムガイは、すべて転石からの産出なのだが、一体この石はどこから転がってきたのだろうかと、心はそっちばかりだ。でも、採れるときに採っておかないと後悔する。一段落がついた頃、ついにオウムガイ層を求めての調査が始まった。

そのうち、違う場所でもオウムガイが多産することがわかった。シカマイアの見事な地層も見つかった。角礫石灰岩の大きな岩体も見つかった。徐々に舟伏山の様子がわかってきた（初鹿谷は舟伏山の山腹にある谷だ）。

急な斜面を木につかまりながら、そして石灰岩の特徴を把握しながらさらに歩き回った。

そんなあるとき、中腹の急斜面でベレロフォンの密集層を発見した。これは大きなヒントだった。この上下、もしくはこのベレロフォン層の中にオウムガイは含まれるに違いない、僕はそう確信していた。そして、その周辺を歩き回り、オウムガイ層の絞り込み探索が始まった。

ベレロフォン層の少し上部を集中的に探索していると、ついにオウムガイの断面が見つかった。この辺から産出するのかと、さらに転石をひっくり返したり、斜面を掘ったりして探した。するとどうだろう、オウムガイがいくつも出てきたのであ

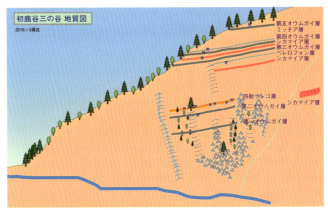

根尾の初鹿谷三の谷の地質構造
オウムガイの含有層は計5枚見つかった。

る。これはもう、ここにオウムガイを含有する地層があるに違いないと確信した。

オウムガイは密集といっていいくらいの頻度で見つかった。1つの石に2つ、3つ入っているのは普通で、多いものでは4つも入っていた。古生代の地層で、比較的大きなオウムガイがこんなにも密集するのはとても不思議だった。モロッコやマダガスカルではよく聞くが、日本では根尾くらいではないだろうか。たくさん採集しているのだから、密集して産出する地層だということは確実だ。本当にすごい産地だ。

詳しく調べると、オウムガイの含有層は2枚見つかった。その間にはシカマイアの含有層もあった。2枚のオウムガイ層にはたくさんのオウムガイが入っていた。しかしながら石灰岩の地層だ。岩体は大きくて硬い。おまけに草木の根っこが網の目のようにしつこく絡んでいて、簡単には採集できなかった。それでも時間をかけ、たくさんのオウムガイが採集できた。

ただ、どれも断面を見つけての採集だ。ということはどの標本も少し欠けているということだ。完全体を得るには、大きな石を水平に割り、その中から偶然に見つけるしかなかった。そのため、100％完全というものはなかなか見つからない。完全に近いものでもわずかに欠けているのが普通だった。

その後も山腹を歩き回り、最終的には全部で5枚のオウムガイ層を確認した。下から上までの地層の厚さは約50m。時間の長さにするとどれくらいになるのだろうか。検討もつかない。

オウムガイが産出する頻度の高いのは第四オウムガイ層だった。厚さは約30cm、その下は約1mのシカマイア層を挟んで、厚さ約1mの第三オウムガイ層だ。この地層もたくさんのオウムガイが産出した。

一番上部にある第五オウムガイ層は、転

第3章 化石を探究する　133

石のみの確認で、実際の地層は未確認だ。でも、第4オウムガイ層の10mほど上部に転石が転がっていたので、第五オウムガイ層の存在は間違いなさそうである。もっと綿密に調べれば、さらに別のオウムガイ層が見つかるかもしれない。

　僕はオウムガイに強いようだ。北海道の白亜紀層からも6個のオウムガイを採集している。古いところでは、青海の石炭紀からもオウムガイや直角石をたくさん採集している。直角石はまっすぐに伸びたオウムガイの仲間だ。

　福地の水屋ヶ谷でも直角石の密集層を発見している。こちらの産出は、本当に密集していて、レンガくらいの大きさの石に、何十本という直角石が入っていた。

　新生代のものでは、滋賀県の鮎河や福井県の高浜でも、アッツリアを2個、175個とそれぞれ採集している。一昔前は、オウムガイの化石など採れるとは夢にも思っていなかったから、嘘みたいな話だ。考えてみれば、オウムガイは浮遊性の生き物なので、意外と見つかりやすいのかもしれない。

45 〈北海道〉古丹別川のインターメディウム

2015年5月、オンコ沢を目指して、オンコ林道に入っていった。オンコ沢のポイントまでは約4km、歩いて1時間の距離だ。

この林道は崩れやすく、ときどき通行不能になっていたが、ここ最近は常に通行止めとなっている。それなのに車が通った跡がいつも見られ、不思議に思っている。

幌立沢に架かる橋を渡り、しばらく進むと再び幌立沢が右手に見えてくる。幌立沢はぐるっと周り、古丹別川と合流する。しばらくすると、その古丹別川の本流が現れる。

この周辺はノジュールが多く、大きなアンモナイトやオウムガイ、棘のあるメナイテスなどが採れたところなのだが、案外みんな素通りしているようだ。

川辺さんと来たときは、大きなアンモナイトが林道のすぐ下の小沢に転がっていたのを見つけたことがあった。こんな大物を最初に見つけると大変だ。一度車まで運び、また戻ってこなければならない。さ、仕切り直しだ。

誰かが来ているようで、本流の河原では、こんこんと石をたたく音が聞こえてくる。どこを見ているのか、僕とは探すところが違うようだった。

大きなノジュールも多く、必ずといっていいほど、アンモナイトがたくさん入っている。しかも保存もいいし、分離もいい。簡単に採れる穴場でもある。

さて、話を戻すと、一番崩れやすいとこ

オンコ林道の入り口
オンコ林道は崩れやすく、いつも通行禁止になっている。

ろ、半分林道が落ちかけているところがあり、そのうちここは決壊しそうだといつも思っていた。営林署もわかってはいるらしく、砂利を入れたりして応急処置を施しているようだが、崩れやすい地質なので根本的に対策をとらなくては解決しない。

道ばたに土砂を取るために少し削ったところがあった。そこには大きく角張っていた石が1個転がっていた。一応ノジュールなのだが、角張っていたのでノジュールらしくはなく、誰も手をつけていなかった。周りには丸い形をしたノジュールを割った跡もあり、この付近から化石が出ることはわかっていたようだった。

僕はその大きな石をひっくり返してみた。するとどうだろう、大きなアンモナイトの住房らしきものが石の中からのぞいていたのだ。どきっとした。これは何だろう。周期的に肋が太くなっている。慎重にハンマーを入れてみた。でかい、とても大きな

第3章 化石を探究する　135

インターが見つかった（左）
道ばたに転がっていた大きなノジュールの中から、大きなインターメディウムが見つかった。
ゴードリセラス・インターメディウム（右）
急激に大きくなるタイプだ。周期的な太い肋も特徴だ。

　アンモナイトが出てきた。しかもほぼ完全な形で。形状、肋の様子などからインターメディウムのように思われた。でもこんな場所からインターが出るのだろうか、いまひとつ確信が持てなかった。

　インターは中川町の化石沢と、学校の沢、そして浦河でも採集している。旭川の大西さんは中川町の濁り沢でも見つけている。果たして古丹別でも出るものなのか自信が持てなかった。帰ってからいろいろと調べてみると、古丹別からでも産出しているようだった。

　僕が古丹別川で採集したゴードリセラス・インターメディウムは、長径34cm、重量は25kg。欠けることもなく採取できた。林道に転がっていたといっても過言ではない産出だった。

　化石沢で採集したものは長径25cm、でかいと思っていたがそれを軽く上回る大きさで、迫力がある。インターの特徴として、ヘソの中が黒くなっていることが多い。しかも中心部分はしっかりと残っている。大型になることで知られるユーパキディスカスは中心部分が溶けていることがほとんどで、よく目にする標本はセメントなどで造っているものが多い。そんな小細工をすることもないこの標本は、我が家の居間に鎮座している。

46 〈北海道〉決死の羽幌川巡検

　2015年、この年の秋の北海道は天気に恵まれず、厳しい状況が続いていた。そんななか、爆弾低気圧が襲来する前日、今日しかないという思いで逆川に行くことにした。

　幸い、天気の方はまだ穏やかだったのだが、羽幌川の大崩落の現場は復旧工事まっただ中だった。もう崩落して2年、手つかずだったが、ようやく復旧工事が始まったのだ。工事中だったが、何とか現場の責任者と交渉して通してもらうことができた。こっちは入林許可証をもらっているので強気だ。

　自転車を押して、なんとか工事現場を通過する。この2年、ここから先は人も車も通っていないので林道は荒れ放題だ。小さな崖崩れはもちろん、倒木も多いし、草木も伸び放題だ。そんな中を自転車で走るのだから大変だ。

　何とか逆川に到着するも、ここも土砂崩

逆川の土砂崩れ現場
逆川もこんな状態で、ここからは歩きとなった。

れが起きていて、自転車を置き、歩かざるを得なかった。林道には真新しいヒグマの足跡がついていて、ついさっき通ったのだろうか、まだ光っていた。

　爆竹を鳴らし、笛を吹いて、こわごわ歩いてようやく大露頭に到着した。

　春以降誰も来ていないのだろう、結構なノジュールが集まった。苦労してここまで来た甲斐があったわけだ。

　採集を終え、逆川を出たのがちょうどお昼、まだ時間に余裕があるので、意を決して羽幌川にも行ってみることにした。

　自転車で走ること5分、大椴沢のすぐ手前でついに通行不能となった。

　ここも2年前に大規模な土砂崩れが起こった場所だ。林道は100mにわたって土砂で埋まり、そのまま放置されていた。

　ここで思案、本流のポイントまではここからまだ6kmほどあるのだが、歩いていくことを決意した。頭の中で時間を計算し、何とか行けると判断した。

第三紀層の大崩落現場
2013年頃に大崩落した現場だ。第三紀のノジュールがたくさん見えていた場所でもある。

丸2年誰も通っていないので林道は荒れ放題、草も生え、道はじゅくじゅくの状態だ。

　ヒグマの大きな足跡もいっぱいある。そんな中をひたすら、黙々と歩いた。通い慣れたところなので、どれだけ進んでいるのかはすぐにわかったが、かえってそれが遠く感じることになった。

　計算通り、午後2時にハウエリ沢のポイントに到着した。帰りの時間を考えると30分しか余裕はない。小沢に入りノジュールを探す。幸い、いくつかのノジュールをゲットし、そそくさと引き返した。

　残念ながらいいものはなかったが、贅沢は言っていられない。本当ならもう少し進み、本流の中でハウエリセラスをねらいたかったのだが、仕方ない。ここに来られただけでも満足に感じた。

　再び林道を通るのだが、帰りはなおさら必死だった。時間も時間だし、今にも雨が降りそうな天気で、薄暗く、じつに心細い。

　必死になって走り、上羽幌に戻ったときにはすっかり日も暮れていた。

　疲れた、怖かったで、しばらく放心状態だったが、心の底から行って良かったと思った。

　ひょっとしたらもう二度と羽幌川には行けないかもしれない。あれだけ荒れていたら大変だ。沢を横切るごとに林道は決壊していてずたずただったもの。久しぶりに怖い思いをした巡検だった。

恵の沢にて休憩
上羽幌から約5km、逆川までの中間地点だ。あと一息だ。

ハウエリ沢のポイント
ハウエリ沢と呼んでいる小さな沢。このあたりは非常に崩れやすく、ノジュールも出やすい。

47 〈岐阜県〉根尾の化石③　サンゴ層の発見

　根尾ではヤッチェンギアと呼ばれている四射サンゴが産出する。時折オークションにも出品されていて、有名な化石だ。僕も山腹を歩いていて、時折小さなものを見つけていた。

　あるとき、このヤッチェンギアの大きな塊を見つけたのだ。そのときまた思った。「こいつはどこから転がってきたのだろう」と。

　気になったら調べなければならない性格だ。当然のことに、転石は上から下に転がる。下から探しながら上に登ればきっと見つかるに違いない。

　そんなことで2015年の12月、40～60度もある急斜面を、なめるように探しながら登っていった。すると小さなサンゴの塊が斜面に転がっているのが見つかった。よく探すともう一つ見つかった。これはもうこの辺にサンゴの地層があるに違いない。そう思うのが普通だ。

　そして、その少し上、2mほど上がったところに、サンゴの密集層が見つかった。ようやく見つけたサンゴ層だ。さらにその周辺を掘ってみた。すると大きなサンゴの塊がたくさん出てきたのだ。地層の厚さは約30cm。不連続だが山腹に斜めに続いていた。レンズ状に産出したので、すぐに消え、さらにその横から再び現れた。

　地層を左右に追っていくと、数ヶ所からサンゴ層が見つかった。表面に出ているも

ヤッチェンギア
根尾のヤッチェンギアは隔壁が黒く色づいていて、コントラストが強くとても美しい。

ヤッチェンギアの地層
山の斜面を掘ると大きなサンゴの塊がいくつも出てきた。

ヤッチェンギアの群体
風化した石の表面にはたくさんのヤッチェンギアが並んでいる。

のは傷がつき、少し汚かったが、土の中から出てきたものはきれいに風化し、とても見事だった。

　さらに奥に掘り進むと、今度は風化が足らず、見苦しい断面のものが出た。なかなか難しいものだ。だいたい地表から30cmも掘るといいものは得られなかった。しかもすぐに途切れてしまい、レンズの直径は1mくらいしかないようだった。

　サンゴの地層は左右100mにもおよび、何ヶ所かでかたまって産出した。

　根尾のサンゴの地層は1枚しか見つかっていない。散在するものを除いて他からは見つかっていない。考えてみれば権現谷もそうだ。金生山のワーゲノフィルムも一枚しか知られていない。これはどういうことだろうか。

　サンゴの化石はなぜ一様に見つからないのだろうか。それはやはり当時の気候や、水温によるものではないだろうか。当時は一度だけ非常に暖かい海になった、しかもそれは一時的だった。そう考えてもいいのではないだろうか。

　根尾のサンゴ層には火山灰の薄い地層が付随して見られる。当時近くで火山が爆発し、大量の火山灰が降り積もったようだ。

　この四射サンゴの地層の中からは、時折菊花石が見つかることがある。暖かい状態なのでできやすいのだろうか。

48 〈千葉県〉瀬又のカメホウズキチョウチン①

東日本大震災以来、関東から東北にかけての地域はご無沙汰だった。化石採集に行っていいものだろうか、そんな心配がいつも頭をよぎったからだ。しかしながらあれからもう6年も経ち、僕の気持ちにも変化が起きてきた。そうだ、久しぶりに千葉に行こう、そんな決断が下された。行きたい気持ちが高ぶり、2016年春、川辺さんを誘って行ってみることになった。

目的地は市原市の瀬又と鋸南町、そして君津市の小糸川と市宿だ。最後に訪れたときからかなりの年数が経っているので、相当様子が変わっているに違いない。計画の段階で複数の知人から情報を収集したが、みんな口をそろえて厳しいということだった。

千葉県に行くのはじつに12年ぶりだ。12年も経てば露頭の様子も大きく変わっているだろうし、行っても何も採れないかもしれない。でも、旅行気分で行けば気は楽だ。

川辺さんの運転で、東名高速道路をすっ飛ばした。いつものように横須賀市の久里浜港から東京湾フェリーに乗り、鋸南町の金谷港に降り立った。

懐かしい、久しぶりなのでうきうきとしている。昼過ぎに着いたので、まずは近くにある鋸山(のこぎりやま)の産地に行ってみることにした。

鋸山の産地は採石場だが、もう何年も前に操業をやめている。

操業時の鋸山の様子（上）
かつての採石場の様子だ。たくさんの石が山積みになっている。2001年3月18日撮影。
現在の鋸山の様子（下）
採石を終え、池ができていた。2016年3月4日撮影。

操業時には大きな岩が山積みになっていて、多くの化石が採集できたものだ。サメの歯や巻貝、二枚貝、サンゴなど、種類はとても多かった。今では置かれた岩もなくなり、採集は地層から直接探すというものだ。

この採石場跡は、テレビや映画の撮影場所になっているようだ。テレビを見ていても、どこかで見たことがある風景だと思うことがたびたびある。戦隊ものや時代劇が多いようだ。特徴のある景色は、すぐに鋸

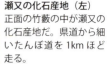

瀬又の化石産地（左）
正面の竹藪の中が瀬又の化石産地だ。県道から細いたんぼ道を1kmほど走る。

瀬又の崖の上部（右）
崖の上部は乾燥した白い砂の層になっていて、貝殻の層が幾重にも入っている。

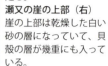

瀬又の崖の下部層（左）
上部層から10m以上下に位置する地層で、カメホウズキチョウチンが出てきた。

下部層の様子（右）
トウキョウホタテ、イタヤガイ、アズマニシキなどもたくさん採れる。

山の採石場であることがわかってしまう。

　今採集できる場所はかなり奥まで行かなければならない。直立した砂岩や礫岩の地層が奥の方に残っていて、その周辺から探すのだ。今でもここに採集に来る人はたくさんいるようで、掘った跡がはっきりと残っていた。以前は積み上げられた岩を割って探していたのだが、今では硬い地層を掘るという作業が必要で、大きな化石は難しそうだ。採れるのはほぼサメの歯に限られる。

　比較的軟らかい地層を探し、タガネを入れて崩していく。中に入っている砂利はかなり摩耗していて光っている。それがすべて化石に見えるのは悲しい。それでもひたすら掘っていると、さらに光るものが出てきた。どうやらイスルスのようだ。

　この日はイスルスの歯を3本採集しただけに終わった。掘れるところは限られていて、なかなか成果は期待できない。オキナエビスやメガロドンというような一級品の大きな化石はもう採れないのではないだろうか。

　2日目は市原市の瀬又に行くことになった。瀬又に行くのは1991年以来、じつに25年ぶりだ。狭い道を田んぼに落ちそうになりながら車を進めていく。軽自動車だったからいいものの、普通車だったら少し自信がない。車1台が通れるぎりぎりの幅だ。しかもくねくねと曲がっている。

　現地に到着するも目的地の崖は藪の中で見えなくなっていた。川を渡り、竹藪の中の急斜面を登っていく。

　20mも登ると、正面に砂の地層が現れた。地層の中からたくさんの貝類が飛び出している。しかし、25年前の記憶とは大

いに違った。こんな場所ではなかったような、もっと川に近い場所で、砂層の色も褐色だったように記憶している。しかもトウキョウホタテが何枚も重なっていたようだ。

あのときはもう採り放題で、案内してもらった高校の先生は、トウキョウホタテを円盤投げのようにぽいぽいと投げていたのを思い出す。そして、一部分から腕足類の一種、カメホウズキチョウチンがかたまって出てきたことも印象深かった。

じつは今回のこの場所での目標はこの腕足類だった。カメホウズキチョウチン、ホウズキチョウチン、タテスジホウズキガイ、クチバシチョウガイの4種類がここから出ている。保存の良い腕足類がたくさん採れる場所はなかなかないのだ。

露頭を探し回り、ついに腕足類が入っている地層を見つけた。記憶通り、トウキョウホタテもたくさん入っている。他に多いのはアズマニシキやイタヤガイなどといった二枚貝類、巻貝類だ。邪魔な木の根を切り、ツルハシで地層を剥ぎ取ってゆく。するとたくさんのカメホウズキチョウチンが採集できた。

午後は場所を移動して、君津市の小糸川に向かった。深い谷底に降りるのだが、化石を含む転石はまったくないといっていいほどで、さんざん探したがまともな化石を見つけることはできなかった。本当にがっかりだった。ここは砂岩層の中から、貝類、サメの歯、サンゴといった化石がたくさん採集できた場所だ。ただ、周りは切り立った崖で、そこから崩れた砂岩層がなければ

小糸川の様子
垂直な崖に囲まれた産地だ。化石を含む転石がなくなっていて、何も採れなかった。

市宿の砂取り場の様子
砂取り場の様子は大きく変貌していた。

砂取り場の砂層
斜交葉理が見られる。

第3章 化石を探究する

採集は難しい。化石の入った地層はほとんどなくなっていた。

　3日目の朝、市宿の砂取り場に行くことにした。ここは大きく変わっていた。大震災以来需要が多いのか、日曜日でも操業をしていて、しかも化石採集の許可も出ないと聞いていた。

　仕方ないので、砂取り場の様子だけでも見てみようと行ったのだが、早朝にもかかわらず、ダンプカーが走り回っていた。砂取り場の片隅だけ見たが、以前たくさん採れたところは削り取られ、何の成果もなかった。期待していたクモヒトデの地層もまったく見当たらなかった。

　このような感じで3日間の千葉巡検を終了したが、情報通り、厳しい結果だった。唯一成果があったのは瀬又だけだった。他には行きたいところもなく、千葉にはもう来ることはないだろうと思った。

49 〈岐阜県〉根尾の Neo 菊花石

根尾に何度目かに行ったとき、オウムガイの化石を探すなかで、方解石の結晶らしきものを見つけた。近江カルストでは方解石の結晶は珍しいことではなく、見慣れている。それは、小さな鍾乳洞や石灰岩の割れ目などでできた鍾乳石のかけらがほとんどだ。たいてい黄色い色をし、柱状の結晶を束ねたようなものだ。

根尾で見つけた方解石の塊は、四角柱というか断面が菱形の角柱で、一点から放射状に広がっていた。この点が少し違う。鍾乳石は平行になっているのが普通だし、断面は菱形ではない。

成分は同じ炭酸カルシウムだが、菊花石は方解石ではなく、霰石(あられいし)だそうだ。

僕はひょっとしたら菊花石ではないかと思った。この場所から 1km ほど奥に行った山腹に、「天然記念物・根尾の菊花石」

菊花石の一種
小さな結晶が集まったタイプだ。

なるものがある。場所も近いし可能性はある。

ただし、天然記念物の菊花石は、輝緑凝灰岩(あるいは玄武岩などの火山岩)の中に産出するもの。生成する岩石も違うし、色も違う。そんな疑問も浮かび、しばらくは結論を出せなかった。

何度も通っていると菊花石のようなものはいくつも集まった。一度目につくとさらに見つかるもので、特徴的な形をしたものが次第に集まり、やはり菊花石の一種だという結論を出すに至った。

石灰岩中で菊花石が生成する過程は僕の見解ではこうである。

石灰岩の生成途中に近くで海底火山が爆発する。そして火山灰が降り注いでレンズ状に堆積する。海水温はおそらく少し高くなるだろう。

火山灰のきめは細かく、その火山灰の泥の中(まだ軟らかく固結していない)で、不純物を核にして霰石の結晶化が始まる。

サンゴ層の中の菊花石
サンゴの地層の中から現れた菊花石。二枚貝の化石も多数見られる。

第3章 化石を探究する

菊花石の断面
菊花石の入っている石を切断・研磨したもの。きれいな菊花石が現れた。

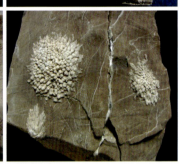

蝶型の菊花石（左）
蝶型あるいは鼓を思わせるように左右に広がる結晶体だ。
風化した菊花石（右）
きれいに風化し、結晶が立体的になった標本だ。

火山灰層の中の菊花石（左）
火山灰層の中で、いくつも結晶した菊花石だ。
菊花石の風化面（右）
緻密な結晶が大きく広がった菊花石だ。

さらに火山灰が堆積し、石灰岩中の火山灰層の中に菊花石が生成されるというものだ。

結晶の形も様々で、まさに菊の花というようなものもあるし、非常に特徴的なものは、鼓型というか、蝶型をしたものも多い。また、結晶の大きさが、特大のものもあって、一つの柱が径1cm、長さが10cm以上というものもある。

前述（根尾の化石③）のサンゴ層の中でも菊花石が生成しており、やや暖かい海の中で生成したことが想像できる。これはおもしろい発見だった。

その後も探せば探すほど見つかり、その数は約240個にもなった。なぜこの種の菊花石が今まで見つかっていなかったのか、不思議でならない。

僕はこの菊花石を「Neo菊花石」と呼ぶことにした。

50 〈北海道〉オンコ沢のユーパキディスカス

　2016年5月24日、僕は1人で苫前町のオンコ沢を目指した。もちろん、目標はポリプチコセラスの完全体だ。オンコ沢はポリプチコセラスが多く産出するところで、毎年いくつか完全体に近いものを採集している。

　目的の現場は、林道の入り口から4kmほどあり、歩いて1時間弱の道のりだ。古丹別川沿いの道を3kmほど西に進み、沢の入り口で進路を南にとる。昔は林道の終点まで車で来ることができたが、途中の林道は損傷が激しく、ここ数年は歩きを強いられている。もっとも、林道の途中には他に見る場所が何ヶ所もあり、かえって歩いた方がいいように思う。

　現場に着き、まずいつものポイントのさらに上流に足を伸ばした。露頭の中にはたくさんのノジュールがのぞいていて、いくつかのポリプチコセラスをゲットすることができた。いったん林道に戻り、一息ついた。

　次は林道のすぐ下に降り、そこからもういちど上流を目指した。ここでもいくつかノジュールが見つかり、最近は人が入っていないように思われた。左右の崖を真剣なまなざしで見ながら歩いていく。そして、歩き始めてすぐ、右手の左岸上部に大きくて丸い円盤状のものが見えた。それが大きなアンモナイトであることはすぐにわかった。

　崖は崩れやすく、ツルハシでこんこん

大きなアンモナイトが見つかった
オンコ沢を歩いていると大きなアンモナイトが見つかった。ツルハシの柄のあたりにある。

大きなアンモナイト
誰でもわかりそうなアンモナイトで、とても大きい。

オンコ沢の大型アンモナイト
崖を崩すと簡単に崩れ落ち、きれいに分離した。

崖の中の大物
幌立沢を歩いているとまたもや大きなアンモナイトが見つかった。

これも数十 cm はあるだろうか
こちらは採れそうにないので採集を諦めた。

とつついただけでアンモナイトは斜面を滑り落ちた。崩れやすいが故にアンモナイトが自然に出てきたのだろう。長径は 40cm くらい、重さは 40kg くらいだろうか。中川産のように美しくはないが、迫力だけは満点だ。

　しばらく呼吸を整え、どうするか考えた。ポリプチコセラスもたくさん採ったし、装備もある。これらを一緒に持ち運ぶのは無理だ。もう決まった。一度ポリプチコセラスや装備を持ち帰り、改めてこの大きなアンモナイトだけを取りに来る。そうしか手はなかった。そして 1 時間かけ、車のところまで戻ってきた。

　荷物を空にし、一息入れてから再びオンコ林道を歩き始めた。そして 2 時間後、僕は再び大型アンモナイトのところまで戻ってきた。

　つらい、リュックのベルトが肩に食い込んで痛い。何度も休憩して息を整える。いったんリュックを下ろすと担ぐのが大変なので、そのままだ。そして今度は 1 時間半をかけて、ようやく車にたどり着いた。

　この日はオンコ沢まで 2 往復だ。距離にして約 20km、一日がかりの採集になってしまった。過去二番目にきつかったかもしれない。しかし、いつものように顔は笑っていた。

　大型アンモナイトはもう普通に見つかるものだ。2018 年 9 月 29 日、羽幌町中二股川でのことだ。

　上羽幌のゲートから 8km、7 つのトンネルを越え、1 時間半をかけて目的の場所に

ノジュールに入った大型アンモナイト
中二股川で見つかった大型アンモナイトだ。ノジュールに包まれ、一部分がきれいにのぞいている。

到着した。すると、真新しい人の足跡があるではないか。進む方向も同じで、なんだか嫌な感じがした。僕は中二股川の本流を、真新しい人の足跡と小熊の足跡を追いながら遡った。

しばらく進んで、大きな露頭の裾を通過しているとき、左手の斜面の上になんだか白いものがちらっと見えたのだ。おや、流木か？　気になって少し戻り、斜面を上ってみた。するとどうだろう。直径70cmほどの楕円形をした大きなノジュールが転がっていたのだ。そしてその中にきれいに風化したユーパキディスカスが少しだけのぞいていたのである。

通常、大型アンモナイトは地層から直接出ることが多く、ノジュールの中に包含されることは少ない。特一級品の大型アンモナイトなのだが、いかんせん、ここは上羽幌の入り口から10kmも奥まったところ、しかも林道からは500mも離れている。重さは150kgほどあるだろう。僕は何の迷いもなく中心部分だけを採集することにした。もったいない話だが、仕方なかった。

だいぶ小さくなったのでリュックに入れて先に進もうとしたとき、ブチッという音が聞こえた。リュックのヒモが切れたのだ。焦った。

いいこともあれば悪いこともある。まだ先は長いのだが、応急措置をして、仕方なくここで帰途につくことにした。

51 〈北海道〉初めてのニッポニテス

　2016年5月31日、北海道巡検もあと少しというところ。小平町の中記念別川は水位が高くてなかなか入れなかったのだが、ここにきてようやく水位が下がり、最後に行ってみることにした。

　この年の北海道巡検はまずまずだったが、これといっていいものは採れていなかった。最後に大逆転といきたいものだ。

　中記念別川の下流はニッポニテスが多いことで有名である。河原を歩いていると、時折異常巻きアンモナイトが見つかるが、あまり保存のいいものではなかった。

　適当なところから河原に降り、転石を見ながら下流に向けて歩いた。そんなとき、河原に転がっていた白くて小さめのノジュールを手に取ってみた。すると、ちょっと変わった異常巻きアンモナイトの断面が目に入った。

　ん！　これはユーボストリコセラスか？でも少し向きが変だ。これはひょっとしてニッポニテスか。期待を込めて少し石を欠いてみた。どうやらニッポニテスのようだ。かなり摩耗して損傷しているが、ま、初めてのニッポニテスには変わりはない。腐っても鯛だ。

　帰宅後、一番にクリーニングをし、ニッポニテス・ミラビリスであることを確認した。ただ、直採りではなく、転石からの採集であったのが少し残念だ。

　この化石、ユーボストリコセラスの断面によく似ている。下の二つの螺管の太さと並びがポイントだ。

　写真（次ページ上）では左が太く、右が細い。仮にユーボなら、左が細く、右が太いはずだ。よって、これはニッポニテスであると判断した。

　何年も北海道に通ってはいるが、なかなかニッポニテスにはお目にかからなかった。というのも、僕はサントニアンという時代の化石が好きで、ニッポニテスが出るチューロニアンの地層にはあまり行っていないのである。

　サントニアンは化石が濃いというか、ノジュールも豊富で、しかも層厚がとても厚い。だから、どこでも採れるのがまずサントニアンだ。化石の種類もとても多い。異常巻きアンモナイトも多く、代表的なポリプチコセラスやバキュリテス、ハイファントセラス、ヘテロプチコセラス、ネオクリオセラスなど、多種に及ぶ。

　一方、チューロニアンも異常巻きアンモ

中記念別川に向かう
小平ダムに架かる橋を渡ると中記念別川だ。下流域からニッポニテスが産出する。

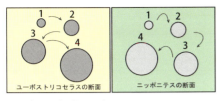

ユーボとニポの断面の違い
ユーボストリコセラスはらせん状に巻いている。一方、ニッポニテスはUの字を繰り返しながら成長する。

ニッポニテスを見つけたところ
意外と小さな石に入っていたし、他には何も入っていなかった。

ナイトで有名だが、もちろん正常巻きのアンモナイトも出る。ただ、層厚が薄いのと、ニッポニテスの場合は限られた地域・限られた地層からでしか出ないのだ。なかなか探して見つかるというのも少ないようだ。それにさほどニッポニテスに対して特段の好意を持っているわけでもない。異常巻きアンモナイトで一番好きなのはポリプチコセラスだろう。

なかなか完全体が出ないので、いつも完全体のポリプチコセラスを探している。通常は3ターンのものが多いが、時には4ターンのものも出てくる。

もう一つ経験上からいうと、サントニアンの化石は、虹色に輝いていたり、きれいなお下がりになっていたりととてもきれいなものが多い。チューロニアンのノジュールや化石は独特で、きらきらと光るものはほとんど見られない。ま、見た目も大事だということだ。これを負け惜しみという人もいるけれど。

クリーニング後の姿
上1/3が摩耗してなくなっているのが残念だ。

別方向から見た姿
それでもニッポニテスの特徴はよく出ている。

第3章 化石を探究する

52 〈北海道〉タカハシホタテの採集会

　2016年6月25日、北海道沼田町の幌新太刀別川でタカハシホタテの採集会が行われた。

　前の月の北海道巡検の際、宿泊したポンピラ温泉で、ある新聞の広告が目にとまった。それは北海道新聞社の広告で、沼田町でタカハシホタテの採集会が催されるとのことだった。この採集会は道新文化事業部が主催し、沼田町博物館の学芸員が講師となっていた。

　春の北海道巡検から帰ってすぐ、僕は躊躇なくその催しに申し込んだ。

　幌新太刀別川には1989年頃からしばらく通っていたが、薄気味の悪いところであること、滝川市の空知川でもたくさんのタカハシホタテが採集できたので、しばらくご無沙汰だった。博物館の中に展示されている写真を見ると、幌新太刀別川の河原も場所によってはとても開けたところがあるらしく、意外と採集しやすいらしいのだ。

　以前僕が行ったところは、留萌本線の真布駅近く、鉄橋のあるところから河原に降り、水深のかなり深いところを下流に下っていったように思い出す。しばらく経ち、入り口あたりに「採集禁止」の看板が立ち、足が遠のいていた。

　6月24日にフェリーで再上陸し、その日は江部乙温泉に宿泊となった。

　翌25日、あいにく天気は下り坂となり、雨が降り始めた。嫌な気分になりながらも、沼田町の博物館を目指して車を走らせた。雨は次第に本降りとなり、これでは中止になることも覚悟していた。

　集合時間の30分ほど前に博物館に着くと、次第に人が集まりだした。主催者に確認すると、何とか決行するとの返事をもらい、ほっとしたものだ。

　レクチャーを受けたあと、幌新温泉のバ

採集会の様子
雨の中を、幌新太刀別川の露頭に向けて進む。

採集の様子
露頭が狭く、とてもやりづらい。

空知川での収穫
空知川は産地が広いので、条件さえ良ければたくさん見つかる。

スに乗って現地に向かった。

　現地に着くと、みんなカッパ姿で、河原に降りていった。小さな子どもも多く、少し気の毒な気がした。

　案の定、河原の水位は高かった。露出している地層も岸辺の少しくらいしかなく、採集はとても困難な状況だった。それでもみんな楽しみにしているのだ。雨にもかかわらず、ドライバーやハンマーを持ち、思い思いの場所で採集会が始まった。

　露頭の状況は悪いし、あまりいいものも出そうになかったので、僕は自分で採集するのはやめ、子どもたちのサポートにまわることにした。ちっちゃな女の子がハンマー片手にこんこんとやるところを見るのはとてもほほえましい光景だ。

　雨はやむどころか、ずっと激しく降り続き、急遽切り上げとなった。さすがにこれ

タカハシホタテ
空知川産だが、幅が 16.5cm もあり、特別大きい。

第 3 章　化石を探究する

空知川での産状
300万年ぶりに太陽を見たタカハシホタテ。

では仕方ない。カッパを着ていてもみんなびしょ濡れだ。

その後は博物館に戻り、室内でクリーニング体験が行われた。これで何とか無事に終了。前回も雨だったそうな。お天気さえ良ければもっと楽しい思い出となっただろう。

ここから30kmほど南、滝川市の空知川でもタカハシホタテがたくさん見られる。こちらは川幅がとても広く、比較的簡単に採集できるのでおすすめの場所だ。ただ、問題は水位だ。

上流にダムがあることも関係するが、水位が高いとまったく話にならない。7月頃にならないと駄目なのだが、時によっては、7月でも河床が見えないときがある。そんなことでここ最近はご無沙汰となっている場所だ。

タカハシホタテは、北海道では沼田町周辺や空知川、道東の本別町や幕別町などでも見られる。

沼田町の博物館にはとても大きなタカハシホタテが展示してある。幅が20cmほどあったろうか。少し保存が悪いが、とにかくばかでかかった。僕も何とかとびきり大きなものを出そうとしているのだが、なかなかうまくいかない。最近は夏に北海道に行くことも少なくなり、良い条件がそろわないのだ。

水位が低く、広範囲に岩盤が露出し、しかも誰も産地に入っていなければ発見の確率は高まるのだが。いずれは幅21cmのタカハシホタテを見つけようと意気込んでいる。

53 〈滋賀県〉サンゴ山の三葉虫

　2017年3月のある日、毎年恒例の近江カルスト巡検に出かけた。この年は残雪が少なく、少し早く入山することができた。雪の多い地帯で、多いときは、谷底に6月くらいまで雪が残るほどだ。

　最近になり、近江カルストを見直すことにし、積極的に通うようになった。その一環で、本当に久しぶりにサンゴ山にも登ってみることにした。

　サンゴ山は今から49年前、高校生のときに見つけた化石産地で、権現谷の最初のガレ場を約200m登ったピークだ。山というよりは崖の端っこといった感じだが、わずかにピークとなっている。

　山頂には石灰岩の地層が露出し、サンゴや腕足類、コケムシなどの化石が産出したところである。ピークには名前などないが、サンゴの化石がたくさん採れたので、僕は「サンゴ山」と名付けて記録している。

　サンゴ山に登るには、権現谷の入り口付近のガレ場・N-0地点と呼んでいるところから直登する。左手の尾根を登る方が楽だが、ガレ場で化石を探しながら登る方が面白い。100mほど登ると正面に大きな石灰岩の縦層が現れる。ガレ場はここの岩が崩れてできたようだ。

　ガレ場ではいろいろな種類の化石が多産したが、今ではなかなか見つからない。でも、ガレ場の表面に転がっている石を見尽くしただけで、ガレの中には無尽蔵に化石を含む石があるはずだ。そう考える方がま

石灰岩の縦層
石灰岩の縦層には、三葉虫やサンゴの層が走っている。

サンゴ山の全貌
正面のピークがサンゴ山だ。道はなく、ガレ場を直登するか、左手の斜面にある獣道を登るしかない。

権現谷の詳細
青線は尾根筋、黒線は河川

第3章　化石を探究する

サンゴ山
権現谷の真上にサンゴ山のピークがある。頂上には化石を多産する石灰岩層が走っている。

ともだろう。現に、ガレ場に座り込んで、一個一個石をひっくり返していると、次から次へといろんな化石が出てくる。

目標は一応三葉虫なのだが、それ以外の化石も現れるので、出てきたものを採集する。ありふれた種類のフズリナは珪化しているものもあり、内部の組織がきれいに残っていてとても美しい。単体の四射サンゴもよく見つかる。これも珪化していて模様がきれいだ。小さくて、慣れるまでわかりにくいかもしれないが、コケムシも面白い。網目状のもの、枝状のもの、棒状のもの、筒状のものとじつに多彩だ。

権現谷といえば一番目につく化石は腕足類だ。スピリファーやプロダクタス、エンテレテス、テレブラチュラ、リンコネラといった種類が多く産出した。今でも採れるのだが、いかんせん、分離がいまひとつなのできれいなものを採集するのは難しい。

崖は石灰岩の縦層が顕著に現れていて、これがサンゴ山の頂上まで続いている。

高校生の頃は怖いもの知らずで、この岩場をサンゴ山までまっすぐに登ったことがあるが、相当危険なので今では難しい。

途中には石灰岩から飛び出した四射サンゴの化石が見事に残っているところがある。その近くには三葉虫を含有する地層もあったが、こけむしていて、はっきりはしなかった。

ガレ場から崖を左に迂回し、林の中を斜めに急登すると尾根に出る。尾根を登り詰めるとサンゴ山に到着するのだが、さらにサンゴ山から道なき道を北東に登り詰めると霊仙山にたどり着ける。一度このルートで霊仙山まで登り、さらに醒ヶ井まで歩いたことがあるが、化石を採りすぎて重さに耐えきれず、途中で石を置いてきたことがあった。何日かして回収に行ったが、置いた場所がわからず、回収できなかったという苦い思い出がある。

サンゴ山は数mのピークになっている。頂上からの見晴らしは最高だ。芹谷の入り口方向を見ると、多賀町や彦根市の外れが遠く望まれる。正面には権現谷を挟んで大きな鍋尻山も見える。その右隣にはエチガ谷も見ることができる。ピークのすぐ下は崖が続いていて、権現谷の一番上にいることがわかる。

ピークには崖から続く石灰岩の地層が露出している。縦層なので、観察しやすい。誰も知らない場所なので、あたりは昔のままだ。

縦層から分離した転石の中には四射サンゴの化石が目立つ。腕足類の化石も石灰岩から飛び出している。

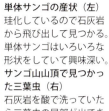

単体サンゴの産状（左）
珪化しているので石灰岩から飛び出して見つかる。単体サンゴはいろいろな形状をしていて興味深い。
サンゴ山山頂で見つかった三葉虫（右）
石灰岩を酸で洗っていたら三葉虫の尾部が出てきた。露頭の石から直接産出したのは初めてだった。

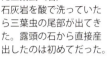

コケムシとフズリナ（左）
棒状のコケムシの表面には虫室口と呼ばれる小さな穴が開いていて、その中に個虫と呼ばれるコケムシが入っている。フズリナは単細胞の生き物だが、そのわりには大きい。
ペクテンの一種（右）
ペクテンの中でもこの標本は特に大きい。

　地層は、東側からサンゴの地層、2、3m離れて西側にコケムシや腕足類の地層がある。高校生のときにも採集した地層だが、化石が飛び出ている石だけを見たので、たくさんは採集していなかった。

　改めてこの地層を観察すると、珪化したコケムシの化石が岩から飛び出しているのが目に入った。小さいものだが、とてもきれいに保存されている。2億数千万年前の生き物とは思えないくらいにきれいに残っているのだ。本当に自然の力はすばらしいし、不思議だと思った。

　後日、持ち帰ったコケムシの石を塩酸で洗っていたら、何と三葉虫の尾部が石の表面に現れた。これはすごいことだ。今まで、1500点もの三葉虫の化石を採集してきたが、すべてガレ場に転がっている転石からで、地層から直接採集するのは初めてだったからである。

　サンゴ山のピークには腕足類が密集した特殊な地層は見られない。ガレ場では時折見るのだが、おそらくサンゴの地層よりもさらに東側に位置していて、ピークには露出していないようだ。

　それにしても誰にも知られず、半世紀もそのままというのは、他の化石産地では考えられないことだ。

　そうそう、僕は1972年5月21日に初めて権現谷で三葉虫を採集している。

54 〈北海道〉アイヌ沢のメナビテス

メナビテス（上）
少し欠けてしまったが、珍しい貴重な標本だ。
メナビテスの突起（下）
ご覧のように、背面と側面の突起の配列（数）が違う。ちなみにテキサナイテスは同じだ。

「羽幌の3点セット」というものがある。羽幌地域のサントニアンで産出するアンモナイトで、ハウエリセラス、テキサナイテス、メナイテスの3種類だ。いずれも特徴的なアンモナイトだから僕のお気に入りになっていて、僕はそう呼んでいる。

単独ではいろんな産地から産出するが、この3点セットが同じ場所からたくさん産出するところはきわめて少ない。それは、逆川大露頭と、中二股川U点、アイヌ沢の3ヶ所だ。他にもあるかもしれないが、僕の知る限りではこの3ヶ所だけだ。

いずれの化石も特徴的な形をしているのだが、それだけに限らず、羽幌産のものは虹色に輝いていることが多く、とても美しい。ハウエリセラスはとても薄い形をしていて、比較的大きく、15cm前後のものが多く見つかる。テキサナイテスは竜骨を持ち、表面に突起がたくさんあり、ぶつぶつしているのが特徴だ。メナイテスは1cmほどの棘がいくつも並んでいて、愛好家のあこがれの化石ともなっている。

そのうちの一つ、アイヌ沢で採集したテキサナイテスは、少し様子が違っていた。突起の感じが少し違うのだ。全体的には他のテキサナイテスと変わらないので、同じ仲間には違いないのだろうが、気になって仕方なかった。

そんな折、富良野の森伸一さんが自費出版した『北海道羽幌地域のアンモナイト』（北海道新聞事業局出版センター、初版

アイヌ沢の大ノジュールを真っ二つにする（左）
直径60cmほどの大きなノジュール。とてもではないが割れないだろうと思ったが、タガネを入れると簡単に割れてしまった。
ノジュールの断面（右）
中心部分のみに化石が入っていた。

2012年5月、第2版2018年5月）を見ていたら、なんとそっくりな標本が載っていたのだ。それは、「メナビテス」といい、突起の配置がテキサナイテスとは少し違っていたのだ。テキサナイテスは背面の突起と、側面の突起が同じ数で並んでいるが、メナビテスは、側面の突起の中間に背面の突起がもう1個現れるのだ。つまり、側面より背面の突起の方が数が多いのだ。あとはテキサナイテスと変わらない。

　この標本、人頭大のノジュールから出たものだが、不用意にガツンと割ってしまい、壊してしまったのだ。しかも破片を飛ばしてしまい、少し不完全な標本となっている。もう遅いが、きれいに洗い、じっくりと観察してから割れば、ほぼ完全な形で取り出せたに違いない。ノジュールの端っこに入っていて、外から少し見えていたからだ。それでも虹色に輝き、きれいな標本になっている。

　アイヌ沢の化石はとてもきれいだ。ほとんどが虹色に輝いていて、3点セットの他に、ネオクリオセラスが多く見つかるところでもある。ただ、ノジュールが少ない。初めて行ったときには転石からたくさん採集できたが、そのあとといえば、とんとノジュールが見つからず、たまに崖の中にポツンとのぞくくらいだ。

　しかも熊の気配が多く、一人で行くのは心細い。いつぞやは、アイヌ沢を歩いて遡り、沢沿いに走る林道に上がって戻ってきたら、行きにはなかった熊の糞が、じつに生々しくあった。きっと近くにいて、こちらの様子をうかがっていたに違いない。ちなみにこのときの収穫はゼロだった。

　羽幌地域に限らず、他の産地でもいえることだが、近年、林道の荒廃が進み、車で行けるところはほとんどなくなっている。アイヌ沢も昔は車で入れ、峠を越えてデト二股川や中二股川、逆川にも行くことがで

きた。

　しかしながら、林道が決壊して通行不能になるとすぐに草が生え、荒廃が進んでしまう。背丈以上のイタドリやフキが行く手を阻み、化石採集も本当に楽ではなくなった。ま、その分山に入る人が少なくなっているともいえるので、案外チャンスなのかも知れない。僕なんかは、上羽幌から15kmの道のりを歩いて逆川まで行くのだから。一番乗りなら万々歳である。

　そうそう、富良野の森さんとは、中川町のワッカウェンベツ川で初めて会い、二度目は小平町の中記念別川で会っている。広い北海道で再び会うのだから何かの縁かもしれない。中記念別川をジャブジャブとご一緒させていただいた思い出がある。

　森さんは高校の先生で、一時羽幌高校に赴任しておられた。そんなこともあり、羽幌古生物研究会のメンバーとなって活動をされていたようだ。そんな活動の成果をまとめられたのが先に挙げた『北海道羽幌地域のアンモナイト』だが、正直、よくできた本だと思う。写真もきれいだし、とても完成度の高い本だ。何が一番気に入ったかというと、一つの標本に対して、多方向から撮った写真を複数枚載せている点だ。これは理想的なやり方なのだが、紙面の都合もあって一般書ではなかなか許されない。これを自由にやれるのは自費出版ならではのことだと思う。うらやましい限りである。

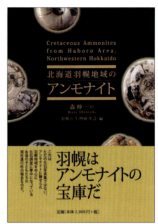

『北海道羽幌地域のアンモナイト』森伸一著
僕のおすすめの本だ。ぜひとも取り寄せて一読されたい。

55 〈千葉県〉瀬又のカメホウズキチョウチン②

　2016年春の千葉巡検はいまひとつだったが、市原市の瀬又だけは豊作だった。ただ、目標だったカメホウズキチョウチンはたくさん採れたものの、タテスジホウズキガイは少なかったし、クチバシチョウチンガイはまったく採れなかった。この点は少し悔やまれた。

　そして、もう一度トライして、なんとか満足行くまで頑張ってみようという気持ちが徐々に高まってきた。

　2017年の3月中旬、今度は一人で行くことにした。目的地を鋸山と瀬又だけに絞り、綿密な計画を立てた。

　瀬又での採集には準備が重要だ。腕足類の化石は結構壊れやすい。乾燥すると殻が斜めにずれるように割れてしまう。しかもたくさん採れるからとタッパーに詰め込んでしまい、壊れる率も高くなる。そこで、大きめのプラケースに綿を敷き、そこに次から次へと並べていくことを考えた。たくさん採れればさらにその上に綿を敷き、積み重ねていく。貝類は比較的丈夫なのでタッパーに入れていく。小さな化石はジッパー付きのナイロン袋やフィルムケースに綿を入れ、その中に入れる。

　地層を掘るのはツルハシや瓦割りの先のとがったハンマーを使う。木の根っこや笹が邪魔になるので、剪定バサミとノコギリを持っていく。これで完璧だ。一日頑張ればきっと満足のいく成果が得られるに違いない。

瀬又での収穫
たくさんの腕足類が産出した。壊れやすいので綿の上に並べる。

　1日目、前回と同じく鋸山に向かった。すると、たくさんの車が入っていた。どうやらテレビの撮影のようだった。邪魔しないように先を進む。そして前回と同じ場所で採集を開始した。すると、先ほどの撮影隊がこちらにやってきて、僕の周りでなにやら始まった。どうやら本番撮影のための下準備のようで、カメラアングルや撮影場所を選んでいるようだった。スタッフの一人に声をかけ、採集したイスルスを見せてあげたが、あまり反応はなかった。それが普通なのか、こんなきれいに光るサメの歯に何の反応を見せない人が僕は信じられなかった。

　2日目、いよいよメインイベントの瀬又化石採集だ。現場に着き、採集が始まった。ほぼ水平に堆積した地層を横から掘っていく。上から下へと、地層を剥がすように垂

直に掘っていけば一番いいのだが、急な斜面だし、竹藪の中なのでそうはできない。どんどんと奥に掘っていくと、時折上から土砂がどさっと落ちてくる。でも笹の根っこが絡み合っているので、大きく落ちる心配はなかった。

　順調に作業が進み、たくさんの腕足類が集まった。タテスジホウズキガイもホウズキチョウチンも前回以上に集まった。しかも両殻が多い。さらに巨大なカメホウズキチョウチンがいくつか採れた。だいたいは2～3cmが普通なのだが、なんと4.5cmを超えるものがあった。湿っていて赤く色づき、大きくてどっしりとしている。いい標本が採集できた。

　さらに瀬又ならではのものもたくさん採集できた。それは、腕足類の殻の中にある腕骨が見える標本だ。以前にもいくつか採集していたが今回もたくさん採集できた。この標本は、もともと内部に砂が入らず、空洞になっているものだ。砂の入った個体から砂をかきだして腕骨を出すということはまず不可能だと思われる。腕骨は薄いリボン状をしていて、触れただけで簡単に壊れてしまうのだ。何度か挑戦してみたが、まったくもって無理だった。

　こうして採集した腕足類はじつに130個にもなった。残念ながらクチバシチョウチンは一個もなかった。ひょっとしたら生息環境が違い、違う層順から産出するのかもしれない。ちなみにクチバシチョウチンは、その次の月に秋田県の安田海岸でゲットして見事に帳尻を合わすことができた。

カメホウズキチョウチンの腕骨
もともと空洞になっているものはこのように腕骨が見える場合がある。

タテスジホウズキガイ
僕のお気に入りの腕足類だが、産出数はかなり少ない。

特大のカメホウズキチョウチン
特大の標本だ。4cmを超えるものはとても少ない。

56 〈宮城県〉気仙沼のミケリニア

　2017年3月、じつに8年ぶりに東北巡検に出かけることにした。東日本大震災以来、遠慮して行く気になれなかったのだが、ここに来てようやく行ってみようという気になったのだ。

　それというのも、2016年の秋に、化石仲間の一人が東北を訪れ、気仙沼市の上八瀬でミケリニアの露頭を見つけたからである。

　ミケリニアはペルム紀の床板サンゴで、地元では蛇体石と呼ばれている。まったくその様相はその通りで、ヘビの鱗・ヘビの体そのものとそっくりだ。

　デボン紀やシルル紀の蜂の巣サンゴと同じ仲間だが、ペルム紀のミケリニアは、六角形の部屋が若干大きい。産出はきわめて少なく、ここ上八瀬や登米市の楼台、そして岐阜県の根尾くらいしか知られていない。

　根尾のミケリニアは2012年に見つけた。菊花石と似ているし、小さなものなので最初は？マークをつけていたが、その後も次々と見つかり、間違いなくミケリニアとわかったものだ。

　僕はミケリニアの化石が大好きで、以前にも上八瀬で採集したことがあった。しかし、河床の岩盤の中にあり、見た目もそれほど良くなく、小さなかけらを得たに過ぎなかった。以来、大きな塊で、しかもきれいな風化面を採集したいという思いを持ち続けていた。

　上八瀬に着くと、林道を行けるところま

河床の中のミケリニア露頭
ミケリニアは石灰岩の地層の中に散在する。

新しい林道
以前にはなかった新しい林道。石灰岩地帯を貫いている。

ミケリニアの露頭
林道沿いに見つかったミケリニアだ。きれいに風化している。

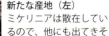

新たな産地（左）
ミケリニアは散在しているので、他にも出てきそうだ。

ミケリニアの産出の様子（右）
新たにミケリニアが見つかった。

ミケリニアの風化面（左）
こちらは採集しやすそうだ。

ミケリニア（右）
大きくてきれいに風化した標本だ。長年追い続けていたもので、採集できて満足だ。

で車を走らせた。すると以前にはなかった新しい林道ができていた。どうやらこの林道の崖にミケリニアがあるらしい。

この日は時折霙（みぞれ）が降るあいにくの天気で、びしょびしょになるし、手はかじかむしと、状況は最悪だった。そんな中、林道の露頭を観察しながら歩いた。

赤土の合間からのぞく石灰岩を丹念に見ながら歩いたのだが、昨年仲間が見つけたミケリニアの露頭はなかなか見つからなかった。

かなり歩いて、ようやく見つかった。以前河原で見つけた露頭から直線距離で100mほど離れた場所だ。それはきれいに風化した素晴らしいミケリニアだったが、大きな岩の中ほどにあり、採集を試みたけれどかなわなかった。周りの赤土は雨でぬかるみ、足を取られて登れない。タガネを入れても岩が大きいので少し欠けるだけだ。結局そのミケリニアはそのまま残してきた。

これだけ広いところなので、僕は他にもあるだろうと思い、さらに探しながら林道を歩いてみた。すると、先ほどの露頭から100mほど離れた場所で新たな露頭が見つかった。「1つあれば2つある」だ。僕はその付近をバールで掘ってみた。するとどうだろう、大きな風化したミケリニアがたくさん出てきたのだった。

他には群体の四射サンゴ、それとウミユリの化石だ。腕足類とかコケムシとかは出るような石ではないので、三葉虫は出そうになかった。

地図で見ると、陸前高田市飯森の化石産地はここから直線で2kmあまり、気仙沼市戸屋沢の化石産地は2.5kmほどととても近い。この付近は本当に化石の宝庫だ。

57 〈北海道〉三毛別川のリヌパルス

　2014年の秋に化石仲間の守山さんが採集したリヌパルスはとても衝撃だった。まさにエビそのものの標本で、今にも動き出しそうだった。じっくりと見せていただいて本当に感動したものだ。

　以前、夕張市にある私設の博物館で、小平産のリヌパルスを見たことがあった。この標本もすばらしいものでとても衝撃だった。お願いして写真を撮らせていただいたことがある。ほぼ完全体で、保存がいいとはこういうものをいうのだろう。

　僕も採りたい、そんな気持ちでいっぱいだったが、ついに、2015年の春にチャレンジする機会が訪れた。場所は羽幌町の三毛別川、総勢9名、大軍団での探索である。

　転石を探しながら幅2m足らずの沢を遡っていく。時折それらしいノジュールが見つかるが、特に何も入ってはいない。1kmほど遡ったろうか、ノジュールが2、3個かたまって見つかった。割ってみると、なんだかはっきりしないぼやっとしたリヌパルスの尾部が見つかった。殻が薄いためにはっきりしないのだろうか。採るには採れたのだが、感激はせず、いまひとつしっくりしない巡検に終わった。

　2016年にももう一度行ってみることにしたのだが、沢に降りたとたん、大きく、しかも真新しいヒグマの足跡が目に飛び込んだ。一人きりである。ちょっとびびって引き返すことにした。川幅が広くて見晴らしのいい河原ならともかく、狭い沢で、両

リヌパルスが見つかったところ
河原の転石から採集。リヌパルスの一部がノジュールの中からのぞいた。

リヌパルスがのぞいている
殻が厚そうなので、しっかりとした標本であることがうかがえる。

側から笹が被さるような場所だ。怖いったらありゃしない。無理はしない方がいいと言い聞かせた。

　そして2017年の春、ヒグマがいないことを願いながら再々挑戦となった。3度目の正直となるか、期待は膨らんでいた。今回は葛木さんと二人だから多少心強い。葛木さんはメタボだから、ヒグマから見てもおいしそうに見えるはずだ。

　いつものように転石をひっくり返しながら沢を遡っていく。幸い今回はヒグマの気配もなく、安心して探すことができた。

　2年前にノジュールを見つけた場所あたりに、今回もノジュールが見つかった。いくつもあり、やや大きなものも見つかった。長径20cmほど、ラグビーボールのような形をしている。試しに割ってみると、出た！リヌパルスだ。しかも分離がよく、頭の部分が見えている。ノジュールのやや端の方に見えているし、触角の一部ものぞいている。殻がしっかりとしているので完全体の予感がした。やった。夢にまで見たリヌパルスだ。

　ノジュールはかなり見つかったが、爪だけというものや、ぼやけたもの、そしてメソプゾシアがノジュールの真ん中に1個だけ入ったものも見つかった。この沢はアンモナイトも他の化石も少ないようだった。

　帰って、さっそくクリーニングを開始した。正直なところ、自信がなかった。守山標本を見たとき、保存もさることながら、守山さんはよくもまあこんなにきれいにクリーニングしたものだと感心したのだ。僕にもできるのか、とても不安だった。

　守山標本の写真から、外形を写生し、それを見ながらクリーニングすることにした。

　絵を横に置き、丁寧に、慌てず慎重にすることを心がけた。タガネを入れると意外にもきれいに分離することがわかった。触角はまっすぐ前方に伸びているが、ノジュールを割ったときに右の触角の一部を飛ばしてしまったらしい。何度も探したが、結局見つからなかった。右足も関節部分を少し飛ばしてしまい、この点も残念なことをした。今度ノジュールを見つけたときは、現地では割らず、そのまま持って帰ることを誓った。

　触角に続き胴体の先の方を慎重にほじくった。目が残っているかもしれないからだ。インターネットで現生のハコエビの写真を収集したが、はっきりと目が映ったものはなかった。大まかな見当をつけて掘っていくが、鼻先はごちゃごちゃとしていて、結局目を出すことはできなかった。次いで胴体だ。胴体は単純な形をしているので比較的簡単に分離した。

　問題は足だ。胴体のすぐ横に前方に3本、一番下に1本、後ろに向くように折れ曲がって生えている。この生え方はどの標本も同じようで、完全体の証のようだ。なにぶん細く、足同士がくっついているので立体的に出すのは苦労する。下手をすると飛ばしてしまう可能性がある。

　そして尾部だ。5つの関節に分かれていて、両側にはヒゲが生えている。しっぽの先端の殻も5枚に分かれていて、末端にも

リヌパルス
全長 16cm。しっぽの先のヒゲまで保存されている。

細いヒゲが生えている。

　できた。一応クリーニングは成功した。心配したけれど何とか完成したのだ。素晴らしい。本当に素晴らしい標本になった。時間はそうかからなかった。僕はエンジンがかかると速いのだ。一日あれば十分だった。全長16cm、守山標本とほぼ同じ大きさだ。

　他の標本は爪が多かったが、小さな爪だけでなく、大きなハサミも出てきた。リヌパルスにはこのような大きな爪はないので、変だなあと思っていたら、もう1匹エビが出てきた。不完全で、しかも変形しているが、よく観察すると、これはリヌパルスではないようだった。胴体が方形をしておらず、普通のエビの仲間のように丸みを帯びているからだ。

　リヌパルスは淡路島の南海岸、北海道の小平薬川、三笠の奔別川が有名だ。個人的には芦別の幌子芦別川でも不完全ながらいくつか採集している。小平の産地には何度も通って探しているのだが、未だに採集したことはない。石が硬く、しかも崖が急で登れない。そんな理由で夢は叶っていない。今回、羽幌という思いもかけない産地で採集でき、本当にうれしかった。

　僕のリヌパルスは日本一の標本かもしれない。次の目標は、100%完全体をゲットすることだ。きっとその日は近いだろう。

エビの一種
左が尾で右が頭。

エビのハサミ
かなり大きなハサミだ。リヌパルスにはこんなハサミはないので違う種類のようだ。

エビのハサミ
こちらもリヌパルスとは違うようだ。いろんな種類の甲殻類が生息していたらしい。

後書き　化石人生を振り返って

　化石採集歴約50年、半世紀が過ぎ去った。とても長い期間化石と関わったが、過ぎてみればあっという間だった。
　子どもの頃、誰でも化石には興味を引かれるものだ。何億年とか何千万年前に生きていた生き物だし、何しろ石の中に入っているのだ。それは不思議でならないはずだ。
　でも、それは一過性で、大人になったら遠ざかってしまうのが一般的だ。仕事や子育てで、化石ごときにかまってはいられない。そんなところだろうか。
　化石を続けることは道楽と呼ばれても仕方ないし、変わり者と呼ばれることもしばしばだ。ある人は奥さんからこう言われたそうな。「これ以上深入りしたら離婚や」と。なんと理解のない奥さんだこと。一方、夫婦で化石採集を楽しんでいる人も多い。こちらは理想的だ。
　僕が化石から離れられないのは、本当に楽しいからである。極めれば極めるほど楽しいのが化石採集だ。それはただ単に、漫然と化石を採集するだけでなく、ちゃんと調べ、ちゃんと化石を扱い、ちゃんと整理・保管するからだろうと思う。ま、化石の「好き度」が人とは格段に違うのだろう。
　しかも化石採集は「旅」の一環なのだ。産地に赴くまでの景色や、産地の景色が楽しめる。平常の生活では味わえない、とてもすがすがしい気分が味わえる。そんな「化石採集の旅」が好きなのだ。
　もう一つ、僕はそんなにマニアックな人間ではない。アンモナイトの異常巻きだけを集めるとか、三葉虫だけを採集するとか、そんな偏った採集は好きではない。知り合いのなかには、アンモナイト以外の化石が出てきたら、ぽいっと捨ててしまう人がいる。捨てられた化石もかわいそうだし、それは彼にとっても損なことである。知識に偏りが出るからだ。
　僕はすべての生き物を対象にしている。それだからこそ長続きしているのかもしれない。

根尾の化石産地にて

いろんな趣味があるけれど、とにかく自然の中で活動ができるのがよい。美しい風景を見ながら活動ができる。山奥に行くことが多いので、ヤマセミやアカショウビンといった珍しい鳥たち、カモシカや猿も近づいてくる。嫌だけど、ヒグマにも出会う。崖を登ったり、道なき道を歩いたり、冒険もできる。本当に楽しいではないか。じつに健康的だと思う。化石採集万歳だ。

第二のふるさととも呼べる北海道。もうすでに66回も渡道している。通算すると1,000日以上は滞在している。1987年から毎年通っているので、もう30年にもなる。そんななか、なじみとしていた民宿が3軒ある。

一つは摩周湖のそばにあった「ましゅまろ」だ。オーナーは僕と同い年で、奥さん共々血液型はB型だ。僕と同じで、とても几帳面な人だった。残念なことに、1990年頃に他の人に民宿を譲り、実家近くの栃木県黒磯の近くに民宿をオープンした。

3度ばかり黒磯にも遊びに行ったのだが、あるとき、みんなで塩原温泉に行こうということになった。温泉近くの茶屋で食事をしたときだ。食堂の中に大きなメガロドンの歯が展示してあったのだ。塩原といえば植物化石が有名なところである。そんなものが近くで採れるとは、本当に驚いたものである。

もう一つの宿は大雪山の麓にあった「ゆわんと村」だ。オーナーは僕より三つ年下で、こちらは夫婦そろって血液型はA型だった。世話好きで人と話すのが大好きな人だった。

あるとき、同宿した山仲間がゆわんと村を再訪して、話に興じた。彼は道東の浜中町が好きでよく行くようだった。浜中町の民宿で、同郷の人に出会い、奔幌戸(ぽんぽろと)というところでアンモナイトが採れることを教えてもらい、採集してきたのだという。同郷の人というのは、国立科学博物館の学芸員だそうで、産地を詳しく教えてもらったのだという。それを聞いてすぐに僕も奔幌戸を訪ねた。採れるかどうか心配だったが、見事に収穫を得ることができたのだ。

このゆわんと村も数年前に廃業してしまった。ゆわんと村での生活は、僕の人生の中で最も楽しかった時期だ。本当に惜しいことと思っている。

3ヶ所目は羽幌町の「吉里吉里」だ。オーナーは兵庫県宝塚市出身で、僕より2歳年下だ。血液型は夫婦ともO型だそうな。博学で知らないことはないという感じの人で、

バイクと車、自転車が好きな人だ。僕とはいつも若い頃の旅話で盛り上がるのだ。

羽幌はアンモナイトの町だ。1989年から毎年この地を訪れ、北海道のホームタウンになっている。吉里吉里にも毎年お世話になり、すでに250泊もしている超常連だ。

民宿内にはアンモナイトも飾っているし、僕の本もちゃんとそろっている。もっとアンモナイトなどの化石を展示していれば、さらに文句はないが。

3つの宿の主人はそれぞれ血液型が違い、性格もまるで違うようだった。共通することはみんな旅が好きで、北海道を旅行するうちに住み着き、民宿を開業したということだ。僕も一時、北海道に移住することを真剣に考えたが、なにぶん他に取り柄もなく、仕事の宛もなかったので断念した。

北海道は好きだけど、好きなのは北海道だけではなく、全国各地が好きなのだ。北海道に移住すれば、他の地域に行くのは時間がかかり、とても不便だ。その点、今住んでいる滋賀県は日本のほぼ真ん中に位置し、どこに行くのも便利なところだ。

北海道へは、フェリーターミナルがある福井県の敦賀まで65km、車で1時間と15分も走れば、あとは乗船して寝ながらにして到着だ。東北へもフェリーを使えば楽だし。東名高速もあるし、北陸自動車道もある。

九州は遠いが、大阪からフェリーも出ているし、四国を経由すればうまく行ける。

シルル紀の化石産地も近いし、デボン紀、石炭紀、ペルム紀、三畳紀、ジュラ紀、白亜紀、第三紀に第四紀と、すべての時代の化石産地がそろっている。こんな便利なところは他にないではないか。そう思って納得している。地の利を生かし、年柄年中、化石採集にいそしんでいる。

化石採集の回数ものべ2,800回を超えた。化石の標本は徐々に減らし、現在は8,500点程度だ。この歳になると、みんな考えるのが化石の行く末だろう。博物館に寄贈するか、どこかに売却するか等々悩み考えるところだろう。仮に博物館にすべて寄贈しても、展示してもらえる訳ではない。一時的な展示はあるだろうが、あとはそれこそお蔵入りになるに違いない。あの世に一緒に旅立てればいいのだが、そんなことを思う今日この頃である。

ひとつアイデアが浮かんだ。化石採集家による化石のための博物館だ。全国の化石採集家が集めた化石を収蔵、展示す

サイクリングも楽しんでいる

る博物館だ。この博物館が、行く場所をなくした化石標本を引き受け、整理・収蔵する。一部は展示し、数ある同じものは他の博物館に寄贈する。また、一部は研究者にも提供する。

　そうすれば、主人を亡くし、行く場所をなくした化石標本も浮かばれる。遺族も処分できて助かるというものだ。そんな博物館があってもいいのではないだろうか。

　ただし、どこで採集したものかははっきりとしておかなければならないし、クリーニングもちゃんとしなければならないが。

付録　北海道内国有林への入山について

北海道内の国有林への入山には森林管理署への入林届もしくは入林申請書が必要です。
以下に管轄と管轄部署の所在地をまとめましたので活用してください。
具体的な申請・届出方法については、各森林管理署に問い合わせてください。

●留萌北部森林管理署……遠別町、羽幌町
　Tel：01632-2-1151
　〒098-3392　天塩郡天塩町新栄通6丁目

●空知森林管理署……夕張市、三笠市、芦別市、美唄市、上砂川町、岩見沢市、歌志内市
　Tel：0126-22-1940
　〒068-0003　岩見沢市3条東17丁目34番地

●空知森林管理署 北空知支署……幌加内町
　Tel：0165-35-2221
　〒074-0414　雨竜郡幌加内町字清月

●宗谷森林管理署……稚内市、猿払村、中頓別町
　Tel：0162-23-3617
　〒097-0021　稚内市港4丁目6番6号

●上川北部森林管理署……中川町、音威子府村、美深町
　Tel：01655-4-2551
　〒098-1202　上川郡下川町緑町21番地4

●上川南部森林管理署……占冠村
　　Tel：0167-52-2772
　　〒079-2401　空知郡南富良野町字幾寅

●胆振東部森林管理署……むかわ町（穂別）
　　Tel：0144-82-2161
　　〒059-0903　白老郡白老町日の出町3丁目4番1号

●日高北部森林管理署……日高町、平取町
　　Tel：01457-6-3151
　　〒055-2303　沙流郡日高町栄町東2丁目258-3

●日高南部森林管理署……浦河町
　　Tel：0146-42-1615
　　〒056-0004　日高郡新ひだか町静内緑町5丁目6番5号

●根釧西部森林管理署……浜中町
　　Tel：0154-41-7126
　　〒085-0825　釧路市千歳町6-11

※苫前町と小平町の入林については、各教育委員会に入山についての具申書を提出し、妥当と認められれば、教育委員会が森林管理署に対して許可を推薦します。
これにより、森林管理署が入林妥当と判断すれば許可が下ります。
大変面倒ですが、正しい手続きをして、入山してください。

●苫前町教育委員会
　　Tel：0164-65-4076
　　〒078-3621　苫前郡苫前町字古丹別187番地の15 苫前町公民館
　　【申請書類】
　　①入林承認申請（具申）書
　　②苫前町教育委員会宛の調書
　　③入林者名簿
　　④入林予定地域の地図

●小平町教育委員会社会教育係
　Tel：0164-56-9500
　〒078-3301　留萌郡小平町字小平町356-2　小平町文化交流センター
　【申請書類】
　①入林承認申請（具申）書
　②調査研究に関する調書
　③入林者名簿

【著者紹介】
大八木 和久（おおやぎ かずひさ）
1950年生まれ。
2014年、中学から始めた化石歴がちょうど50年となる。
還暦を過ぎた今でも、化石採集に全国を飛び回っていて、若い頃と何ら変わらない。気持ちは10代、体力年齢は40代と自称する。
自然が大好きで、動植物等の自然観察、写真撮影や野山を歩くことが大好き。
根っからの旅好きで、歩いたり、自転車に乗ったりの旅が大好きだ。
2013年の夏には、北海道の利尻島と礼文島をキャンプしながらサイクリングを楽しんだ。2016年と2017年にも道北地方のサイクリングを楽しんだ。
夢は自分の博物館を持つことだが、こればっかりは財力が必要になってくるのでなかなか叶わない。本の中に博物館を建てて展示するしかないと苦笑いをする。
自称は化石収集家ではなく、化石採集家である。

参考　生涯の化石採集日数……2,100日
　　　生涯の化石採集箇所……のべ2,849ヶ所
　　　現在の標本数……8,389点

現住所：滋賀県彦根市安清町2番11号

帰ってきた！　日本全国化石採集の旅
化石が僕をはなさない

2018年12月28日　初版発行

著者	大八木和久
発行者	土井二郎
発行所	築地書館株式会社
	東京都中央区築地7-4-4-201　〒104-0045
	TEL 03-3542-3731　FAX 03-3541-5799
	http://www.tsukiji-shokan.co.jp/
	振替 00110-5-19057
印刷・製本	シナノ印刷株式会社
装丁	吉野愛

©KAZUHISA OYAGI 2018 Printed in Japan
ISBN978-4-8067-1573-3

・本書の複写、複製、上映、譲渡、公衆送信（送信可能化を含む）の各権利は築地書館株式会社が管理の委託を受けています。
・ JCOPY 〈(社) 出版者著作権管理機構 委託出版物〉
本書の無断複製は著作権法上での例外を除き禁じられています。複写される場合は、そのつど事前に、(社) 出版者著作権管理機構（電話 03-5244-5088、FAX 03-5244-5089、e-mail : info@jcopy.or.jp）の許諾を得てください。

● 築地書館の本　　　　　　　　《価格・刷数は 2018 年 11 月現在》

産地別 日本の化石 800 選
本でみる化石博物館

大八木和久［著］　3800 円＋税　● 4 刷

著者自身が 35 年かけて採集した化石 832 点をオールカラーで紹介。日本のどこでどのように採れたのかがわかる日本初、化石の産地別フィールド図鑑。
採集からクリーニングまで、役立つ情報を満載した。

産地別 日本の化石 650 選
本でみる化石博物館・新館

大八木和久［著］　3800 円＋税

日本全国を 38 年間にわたって歩きつくした著者が、自分で採集した化石 9000 余点の中から 672 点を厳選、カラーで紹介。
産地・産出状況など、化石愛好家がほんとうに知りたい情報を整理した化石博物館。

産地別 日本の化石 750 選
本でみる化石博物館・別館

大八木和久［著］　3800 円＋税

日本全国化石採集の旅を 50 年間！
採集した化石から、産地・時代ごとに 785 点を厳選し、紹介。
化石愛好家の見たい・知りたいがよくわかる充実のカラー化石図鑑。

詳しい内容はホームページ http://www.tsukiji-shokan.co.jp/ で

● 築地書館の本　　　《価格・刷数は2018年11月現在》

11の化石・生命誕生を語る [古生代]
化石が語る生命の歴史

ドナルド・R・プロセロ [著]　江口あとか [訳]　2200円＋税

先カンブリア時代のストロマトライト、単細胞から多細胞への変化、三葉虫、バージェス動物群、初の陸上植物クックソニア、軟体動物から脊椎動物へ、水生から陸生動物へ……。
歴史に翻弄される古生物学者たちの苦悩と悦びにみちた研究史とともに生命の歴史を語る。

8つの化石・進化の謎を解く [中生代]
化石が語る生命の歴史

ドナルド・R・プロセロ [著]　江口あとか [訳]　2000円＋税

陸にあがった生物たちは、そこでどのような進化をとげたのか。カメ、ヘビ、そして恐竜が登場し、最初の鳥アーケオプテリクスも現れる。海の中には、大型魚竜ショニサウルス、首長竜クロノサウルス。
生物の陸上進出から哺乳類の登場までを解説する。

6つの化石・人類への道 [新生代]
化石が語る生命の歴史

ドナルド・R・プロセロ [著]　江口あとか [訳]　1800円＋税

いよいよ人類が登場する。
無視されたアフリカでの大発見、戦禍から避難させる途中で行方不明になった北京原人。
科学界にもおよんでいた人種差別、固定観念を乗り越えて、次々と発見される化石から浮かび上がる人類進化の道。

詳しい内容はホームページ http://www.tsukiji-shokan.co.jp/ で

● 築地書館の本　　　　　　　　　《価格・刷数は 2018 年 11 月現在》

日本の恐竜図鑑
本でみる化石博物館

宇都宮聡＋川崎悟司［著］　2200 円＋税　●2 刷

大物恐竜化石を次々発見する伝説の化石ハンターと、大人気の古代生物イラストレーターが、恐竜好きに贈る 1 冊。
日本列島を闊歩していた古代生物 41 種を、カラーイラストと化石・産地の写真で紹介。恐竜化石発見の極意も伝授。

日本の絶滅古生物図鑑

宇都宮聡＋川崎悟司［著］　2200 円＋税

日本には不思議で魅力的な動物たちがたくさんいた！
サメ・魚類／四足（しそく）動物／床板（しょうばん）サンゴ／貝類／頭足類／三葉虫／甲殻類／昆虫類／生痕化石 47 種を、カラーイラストと化石・産地の写真で紹介。
日本列島ご当地古生物マップ、発見記、コラム、恐竜や化石が見られるおもな博物館など、情報満載。

日本の白亜紀・恐竜図鑑

宇都宮聡＋川崎悟司［著］　2200 円＋税

白亜紀の日本の海で！陸で！活躍・躍動した動物たち。
どんな生き物がどんな暮らしをしていたのか、一目でわかる生態図鑑。
発掘された化石・研究成果をもとに大胆に復元した生活環境や生態を描きこんだイラスト、化石・産地の写真を満載し、日本の白亜紀の環境や生き物たちを紹介する。

詳しい内容はホームページ *http://www.tsukiji-shokan.co.jp/* で